ISSN 0044 - 2259

ZEITSCHRIFT FÜR ANGEWANDTE GEOLOGIE

HERAUSGEGEBEN VOM
ZENTRALEN GEOLOGISCHEN INSTITUT
IM AUFTRAG DES
MINISTERIUMS FÜR GEOLOGIE

AUS DEM INHALT

AKADEMIE-VERLAG · BERLIN

HEFT 8
BAND 25
AUGUST 1979
SEITE 325—372
EVP: 2,— M
34114

Die ZEITSCHRIFT FÜR ANGEWANDTE GEOLOGIE berichtet ständig über folgende Arbeitsgebiete: Geologische Grundlagenforschung und Lagerstättenforschung / Methodik der geologischen Erkundung / Ökonomie und Planung der geologischen Erkundung / Technik der geologischen Erkundung / Geologie und Lagerstättenkunde im Ausland. In der Zeitschrift können alle strittigen Fragen der praktischen Geologie behandelt werden. Die Autoren übernehmen für ihre Aufsätze die übliche Verantwortung.

ISSN 0044-2259

Zeitschrift für angewandte Geologie 8/79

Herausgegeben vom Zentralen Geologischen Institut Berlin im Auftrag des Ministeriums für Geologie der Deutschen Demokratischen Republik
Verlag: AKADEMIE-VERLAG, 108 Berlin, Leipziger Straße 3–4

ARABADŽI, M. S.; MIL'NIČUK, V. S. u. a.

Erfahrungen bei der Prognostizierung lokaler Strukturen in für die seismische Erkundung schwer zugänglichen Gebieten auf der Basis der Verwendung mathematischer Methoden und der EDV

Z. angew. Geol., Berlin, 25 (1979) 8, S. 325–332, 2 Abb., 1 Lit.

Auf der Grundlage der Verwendung eines mathematischen Apparats (Modell) für die Komplexinterpretation der Ergebnisse verschiedener geologisch-geophysikalischer Methoden bei der Untersuchung des geologischen Tiefenbaus von erdöl- und erdgashöffigen Regionen wurden die theoretischen Grundlagen einer Methodik zur Prognostizierung lokaler Strukturen nach den Daten der gravimetrischen Erkundung und eines weitmaschigen Netzes seismischer Erkundungsprofile festgelegt. Die ausgearbeitete Methodik fand im Bereich Westjakutiens Anwendung, wobei positive Ergebnisse erzielt wurden. Die gewonnenen Erfahrungen zeigen, daß es zweckmäßig ist, diese Methodik bei geringem und ungleichmäßigem Untersuchungsgrad und insbesondere im Schelfgebiet einzusetzen.

BLANKENBURG, H.-J.; RÖSLER, H. J.

Beitrag zur Kenntnis über die Eigenschaften und die Genese von Flint

Z. angew. Geol., Berlin, 25 (1979) 8, S. 333–337, 4 Abb., 2 Tab., 43 Lit.

Die im Beitrag dargestellten mineralogisch-geochemischen Untersuchungsergebnisse ermöglichen eine erneute Diskussion der Flintgenese, wobei besonders die 1917 von TARR vertretene Ansicht der synsedimentären, vorwiegend anorganischen Bildung einer Analyse unterzogen wird.

TAMMS, H.-J.

Die Belegungsdichte von Eisen–Mangan-Konkretionen als Funktion skalarer Einflußgrößen

Z. angew. Geol., Berlin, 25 (1979) 8, S. 337–339, 2 Abb., 4 Lit.

Der in der Literatur zur Eisen–Mangan-Konkretionsführung verschieden benutzte Begriff der Belegungsdichte wird durch Unterscheidung der Belegungsdichte [kg m^{-2}] sowie des Belegungsgrades [%] exakt gefaßt. Es wird ein Formalismus angegeben, der eine direkte Umrechnung ermöglicht, wenn Angaben über die Raumdichte, Konkretionsgröße (Siebdurchgang) und Konkretionsform (Abplattungsindex nach CAILLEUX 1947) vorliegen. Insbesondere für dicht belegte Ozeanflächen ergibt diese Methode genauere Angaben über die vorhandenen Erzmengen als sie mit den herkömmlichen Verfahren (Greiferprobenahme) möglich sind.

POHLENZ, R.

Beitrag zur Beurteilung von Felsböschungen im Elbsandsteingebiet

Z. angew. Geol., Berlin, 25 (1979) 8, S. 340–345, 5 Abb., 1 Tab., 7 Lit.

Im Elbsandsteingebiet ereignen sich die meisten Felsabstürze durch Abbruch infolge erhöhten Wassergehalts des Sandsteins zwischen Oktober und April. Der für die Beurteilung wichtige Einflußbereich von Felsstürzen hängt wesentlich von der Bewegungsart und der Neigung der Aufschlagfläche ab. Die Abbruchgefährdung wird vor allem von der Breite des Überhangs sowie der Bankmächtigkeit beeinflußt und kann aus einem Diagramm abgelesen werden. Weitere Hinweise über zu erwartende Felsbewegungen lassen sich durch Auswertung von regelmäßigen Messungen über einen längeren Zeitraum an gefährdeten Felspartien gewinnen.

BITTKOW, P.; SEUME, T.

Numerische Simulation der radialsymmetrischen Gas–Wasser-Strömung an einer Bohrung

Z. angew. Geol., Berlin, 25 (1979) 8, S. 345–349, 5 Abb., 2 Tab., 7 Lit.

Das Modell einer radialsymmetrischen zweidimensionalen Gas–Wasser-Strömung um eine Bohrung wird vorgestellt. Es ist für die reale Gasströmung ohne Phasenwechsel unter Berücksichtigung des Schwerkrafteinflusses programmiert worden. Durch den History-Match werden das Modell und die verwendeten Eingabedaten bestätigt. Auf die praktische Anwendbarkeit zur Bestimmung des optimalen Betriebspunktes einer Aquifersonde wird eingegangen.

VOIGT, H.-D.; WAGNER, R. u. a.

Automatische Auswertung von Sondentests

Z. angew. Geol., Berlin, 25 (1979) 8, S. 350–355, 8 Abb., 1 Tab., 9 Lit.

Für die Interpretation von instationären Untersuchungen an Sonden und Brunnen wird ein automatisches Verfahren dargestellt, dessen Anwendung einen Kleinrechner erfordert. Die Anwendungsmöglichkeiten des Verfahrens wurden in drei praktischen Testbeispielen, einem Interferenz-, einem Isochronal- und einem Gestängetest mit Fließdruck- und Spiegelanstiegsmessung demonstriert. Es zeigt sich, daß das Verfahren besonders für die Auswertung von Tests mit komplizierter Technologie geeignet ist.

PAVLENKO, J. V.; HÄHNEL, CH.

Veränderlichkeit einiger Parameter von Fluoritlagerstätten des Thüringer Waldes und Methoden zur Einschätzung ihrer Genauigkeit

Z. angew. Geol., Berlin, 25 (1979) 8, S. 356–362, 5 Abb., 1 Tab., 2 Lit.

Bei der Bearbeitung von mehr als 2500 Messungen an Rohstoffkörpern industrieller Fluoritlagerstätten des Thüringer Waldes wurde festgestellt, daß die Veränderlichkeit der Mächtigkeit größer als die der Gehalte ist. Für die Begründung der Methode geologischer Untersuchungsarbeiten ist es notwendig, die überwiegende Rolle der gesetzmäßigen gegenüber der zufälligen Veränderlichkeit zu beachten. In konkreten Beispielen wird der Charakter der Veränderung des möglichen Fehlers für die mittlere Mächtigkeit des Rohstoffkörpers in Abhängigkeit von der Dichte des Netzes von Beobachtungspunkten dargestellt. Die Anwendung der methodischen Prinzipien ermöglicht die operative Einschätzung der Genauigkeit von Vorratsberechnungen.

PORSTENDORFER, G.

Möglichkeiten der Verfolgung dünnschichtiger Medien durch Magnetfelder gezielter Stromeinspeisungen

Z. angew. Geol., Berlin, 25 (1979) 8, S. 363–364, 4 Abb., 2 Tab., 3 Lit.

In der Kohlenwasserstoff- und Erzerkundung spielt die Verfolgung dünnschichtiger Medien eine zunehmende Rolle. Sie kann selbst unter hochohmiger Abschirmung durch die Magnetfelder von gezielt eingespeisten niederfrequenten Strömen erfolgen, da sich bei stratiformen Lagern günstige Strombündelverhältnisse einstellen. Durch Versuche im elektrolytischen Trog wird die gezielte Stromeinspeisung über eine sich lithofaziell abzeichnende Zone und die Stromeinspeisung in ein stratiformes Erzlager in ihren magnetischen Auswirkungen modelliert.

HÜBNER, J.

Frostdynamische Erscheinungen in der Braunkohlenlagerstätte Wallendorf

Z. angew. Geol., Berlin, 25 (1979) 8, S. 365–367, 4 Abb., 7 Lit.

Berichtet wird über frostdynamische Erscheinungen, die durch intensive kryogene Prozesse im periglazialen Raum während des Weichselglazials entstanden und im westlichen Lagerstättenteil das Flöz Bruckdorf in Mitleidenschaft gezogen haben. Durch Kartierungsarbeiten kann belegt werden, daß sich die Kiessande in der Elster-Luppe-Aue zwischen Leipzig und Merseburg aus zwei Schotterkörpern unterschiedlichen Alters zusammensetzen.

WAND, U.; STIEHL, G.

VII. Allunionssymposium über stabile Isotope in der Geochemie vom 23. 10. bis 26. 10. 1978 in Moskau

(Tagungsbericht)

Z. angew. Geol., Berlin, 25 (1979) 8, S. 367–369, 1 Abb., 7 Lit.

Zeitschrift für angewandte Geologie 8/79

Herausgegeben vom Zentralen Geologischen Institut Berlin im Auftrag des Ministeriums für Geologie der Deutschen Demokratischen Republik
Verlag: AKADEMIE-VERLAG, 108 Berlin, Leipziger Straße 3–4

ARABADŽI, M. S.; MIL'NIČUK, V. S., et al.

Experiences Made by Means of Mathematical Methods and Electronic Data Processing with the Prognostication of Local Structures in Areas Difficult of Access to Seismic Prospecting

Z. angew. Geol., Berlin, 25 (1979) 8, pp. 325–332, 2 Figs., 1 Ref.

Theoretical bases of a technique for prognosticating local structures by gravimetic exploration data and a wide-mesh network of seismic prospecting profiles were fixed by means of a mathematical apparatus (model) for the complex interpretation of results obtained by various geological-geophysical methods during the investigation of the geological structure of depth of probable oil and gas-containing regions. This technique was used in West Yakutia, where positive results were achieved. From the experiences results that it is suitable to use the technique at a low and uneven degree of investigation, and in particular in the shelf zone.

BLANKENBURG, H.-J.; RÖSLER, H.-J.

Contribution to the Knowledge of the Properties and Genesis of Flint

Z. angew. Geol., Berlin, 25 (1979) 8, pp. 333–337, 4 Figs., 2 Tables, 43 Refs.

The mineralogical-geochemical results of investigation described in the article make it possible to discuss again the genesis of flint, with an analysis in particular of the view taken by TARR in 1917 on its synsedimentary, mainly inorganic, formation.

TAMMS, H.-J.

The Packing Density of Iron and Manganese Concretions as a Function of Scalar Influences

Z. angew. Geol., Berlin, 25 (1979) 8, pp. 337–339, 2 Figs., 4 Refs.

The term of packing density, differently used in the literature for the content of iron and manganese concretions, is defined exactly by distinguishing between packing density [kg m^{-2}] and packing degree [%]. A formalism makes possible a direct conversion if data are available on the density by volume, size of concretion (screen underflow) and shape of concretion (flattening index after CAILLEUX, 1947). By this method more precise informations than by conventional methods (grab sampling) are obtainable on quantities of ores, in particular for densely packed ocean floors.

POHLENZ, R.

A Contribution to Evaluating Rock Slopes in the Elbsandstein Area

Z. angew. Geol., Berlin, 25 (1979) 8, pp. 340–345, 5 Figs., 1 Table, 7 Refs.

In the Elbsandstein area most of the rock precipices take place between October and April as a result of breaking-off due to an increased water content of the sandstone. The range of influence important to evaluate rock precipices mainly depends on the mode of movement and inclination of the impact area. The breaking-off risks are above all influenced by the width of the overhang and bank thickness, and can be read from a diagram. Other informations on rock movements to be expected are obtainable by evaluating regular measurements of exposed parts of rocks over a major period.

BITTKOW, P.; SEUME, T.

Numerical Simulation of the Radial-Symmetrical Gas-Water Flow of a Well

Z. angew. Geol., Berlin, 25 (1979) 8, pp. 345–349, 5 Figs., 2 Tables, 7 Refs.

The model of a radial-symmetrical two-dimensional gas-water flow around a well is presented, and is programmed for the real gas flow without phase change when the influence of gravity is taken into account. The model and input data used for this purpose are confirmed by the history-match. The practical applicability to determine the optimum working place of an aquifer well is discussed.

VOIGT, H.-D.; WAGNER, R. et al.

Automatic Evaluation of Hole Tests

Z. angew. Geol., Berlin, 25 (1979) 8, pp. 350–355, 8 Figs., 1 Table, 9 Refs.

An automatic method using a small computer is presented for interpreting unsteady hole and well tests. Its possibilities of application are illustrated by three practical examples, viz by an interference test, an isochronous test, and a drill stem test with measurement of the flow pressure and raise of level. The method is shown to be particularly suited for evaluating tests involving an intricate technology.

PAVLENKO, J. Y.; HÄHNEL, CH.

Variability of Some Parameters of Fluorite Deposits of the Thuringian Forest and Methods of Estimating their Accuracy

Z. angew. Geol., Berlin, 25 (1979) 8, pp. 356–362, 5 Figs., 1 Table, 2 Refs.

During the study of more than 2,500 measurements of raw material bodies of industrial fluorite deposits of the Thuringian Forest it was found that the variability of the thickness is greater than that of the contents. A foundation of the method of geological exploration work requires to observe the prevailing role of the regular variability compared with that of the accidental one. Concrete examples serve to show the character of a variation of the possible error for the mean thickness of the raw material body as dependent on the density of the net of observation points. An application of the methodical principles makes it possible to estimate the accuracy of calculations of reserves operatively.

PORSTENDORFER, G.

Possibilities of Observing Thin-Film Media through Magnetic Fields of Directed Current Feeds

Z. angew. Geol., Berlin, 25 (1979) 8, pp. 363–364, 4 Figs., 2 Tables, 3 Refs.

The observation of thin-film media plays an increasing role in the exploration of hydrocarbons and ores, and may even be realized under a high-ohmic screening by the magnetic fields of low-frequency currents fed in a directed way because current bundle conditions are favourable in stratiform beds. By means of tests made in the electrolytic trough the directed current feed is modelled by means of a zone marked lithofacially, and a current feed in a stratiform ore bed as far as its magnetic effects are concerned.

HÜBNER, J.

Dynamic Frost Phenomena in the Wallendorf Lignite Deposit

Z. angew. Geol., Berlin, 25 (1979) 8, pp. 365–367, 4 Figs., 7 Refs.

An account is given by dynamic frost phenomena formed by intense cryogenic processes in the periglacial region during the Weichsel glacial period and affecting the Bruckdorf seam in its western deposit part. From works made for mapping purposes could be demonstrated that the gravel sands in the Elster-Luppe flood land, between Leipzig and Merseburg, are composed of two bodies of gravel differing in age.

WAND, U.; STIEHL, G.

VIIth All-Union Symposium on Stable Isotopes in Geochemistry, Moscow, October 23–26, 1978

Z. angew. Geol., Berlin, 25 (1979) 8, pp. 367–369, 1 Fig., 7 Refs.

ZEITSCHRIFT FÜR ANGEWANDTE GEOLOGIE

Träger der Ehrennadel in Gold
der Gesellschaft für Deutsch-Sowjetische Freundschaft

BAND 25 · AUGUST 1979 · HEFT 8

Erfahrungen bei der Prognostizierung lokaler Strukturen in für die seismische Erkundung schwer zugänglichen Gebieten auf der Basis der Verwendung mathematischer Methoden und der EDV

ARABADŽI, M. S.; MIL'NIČUK, V. S.; SLAVKIN, V. S.; TARCHANOV, M. I., Moskau; SOLOV'ËV, B. A., Berlin

1. Einleitung

Die Anwendung mathematischer Methoden für die komplexe Interpretation der Ergebnisse verschiedener geologisch-geophysikalischer Verfahren bei der Untersuchung des geologischen Tiefenbaus erdgas- und erdölhöffiger Regionen gibt die Möglichkeit, die Fristen und die Aufwendungen für die Vorbereitung der lokalen Strukturen für das Tiefbohren zu reduzieren, sie trägt zur rationellen Verteilung des Umfangs der seismischen Erkundungsarbeiten bei und begünstigt letzten Endes eine besser begründete Bewertung der Perspektiven der Öl- und Gasführung eines bestimmten Territoriums.

Im Verlaufe einer Reihe von Jahren wurden von einem Forscherkollektiv des Moskauer GUBKIN-Instituts für erdölchemische und Gasindustrie Arbeiten zur Entwicklung einer Methodik der quantitativen Komplettierung der geologisch-geophysikalischen Daten für die Suche nach lokalen Strukturen im sedimentären Deckgebirge verschiedener kohlenwasserstofführender Gebiete durchgeführt. Im Zuge dieser Arbeiten wurde eine bestimmte Methode zur Lösung des genannten Problems entwickelt: es wurden die theoretischen Grundlagen einer Methodik des Prognostizierens lokaler Strukturen nach den Daten der gravimetrischen Erkundungsprofile ausgearbeitet. In den letzten Jahren wurde diese Methodik weiterentwickelt und in verschiedenen Betrieben eingeführt. Besonders effektiv ist ihre Anwendung in Gebieten mit komplizierten geologisch-geophysikalischen Verhältnissen, wo die Anwendung detaillierter (flächenhafter) seismischer Erkundungsarbeiten auf methodische Schwierigkeiten stößt und hohe Selbstkosten verursacht (küstennahe Bereiche des Aquatoriums, darunter halbgeschlossene buchtartige Seichtwasserbereiche, Gebiete, in denen Barchansande, Sümpfe u. a. auftreten).

Die gegenwärtig existierenden Methoden zur Prognostizierung lokaler Strukturen auf der Basis der Komplexinterpretation der geologisch-geophysikalischen Daten beruhen im einfachen Fall auf der Konstruktion der Abhängigkeit des Reliefs der Strukturoberfläche von den geophysikalischen Feldern in Basispunkten (Eichpunkten) und der Prognose der Tiefen dieser Oberflächen in den gesuchten (prognostischen) Punkten mit Hilfe dieser Abhängigkeit.

In dieser Beziehung besitzen Korrelationsmethoden bestimmte Vorzüge, die die Proportionalität der lokalen Komponente des Schwerefelds (Δg_l) und der Hypsometrie der zu untersuchenden geologischen Grenze (H) berücksichtigen und eine Feldtrennung vorsehen. Eine besondere Schwierigkeit bereitet die physikalisch begründete Trennung des Gesamtfelds in die Untergrund- und die lokale Komponente. Bei den modernen Methoden muß hierbei die Trennung unter Berücksichtigung geologischer a priori-Überlegungen über den Unterschied der Frequenzzusammensetzung dieser Komponenten durchgeführt werden.

Eingang des Manuskripts in der Redaktion: 21. 6. 1978.
Übers.: Dipl.-Min. W. OESTREICH.

Theoretische Grundlagen der Methodik zur Prognostizierung lokaler Strukturen

Bei der Entwicklung der hier dargelegten Methodik der Prognostizierung lokaler Strukturen nach den Daten der gravimetrischen Erkundung und eines weitmaschigen Netzes seismischer Erkundungsprofile haben die Verfasser die positiven Seiten früher vorgeschlagener Methoden berücksichtigt und ihre Aufmerksamkeit auf die ungelösten Fragen konzentriert.

Schema zur Lösung der Aufgabe

Es wird der geologische Schnitt mit drei Gruppen von gravimetrisch aktiven Faktoren betrachtet:

- die zu untersuchende Strukturoberfläche, die die lokale Anomalie Δg_l erzeugt;
- tiefe Dichteinhomogenitäten, die das Untergrundfeld Δg_u bedingen;
- sonstige nicht berücksichtigte Faktoren, die die Hochfrequenzkomponente des Gesamtschwerefelds ε bedingen:

$$\Delta g_H = \Delta g_u + \Delta g_l + \varepsilon \qquad (1)$$

Bei Vernachlässigung der letzten Komponente ergibt sich die folgende angenäherte Gleichung:

$$\Delta g_H \approx \Delta g_u + \Delta g_l \qquad (2)$$

Das traditionelle Verfahren zur Trennung des Felds in eine Untergrundkomponente und eine lokale Komponente ist eine bestimmte Frequenzfilterung (1); es beruht entweder auf der Annahme, daß ein wesentlicher Unterschied der Frequenzzusammensetzung dieser Komponenten besteht, oder auf der Transformation (Umrechnung) des Felds auf ein höher liegendes Niveau. Die Parameter der Transformation werden entweder auf der Basis von a priori-Überlegungen über das Verhältnis der Frequenzzusammensetzung der zu trennenden Komponenten oder empirisch gewählt. Hierbei sind die gewählten Parameter auf dem gesamten zu untersuchenden Territorium konstant. Wie die Praxis zeigt, ist die Trennung mit Hilfe einer solchen Filterung in den meisten Fällen vom geologischen Gesichtspunkt aus nicht optimal. Erstens kennt der Bearbeiter, wenn er zur Trennung des Felds schreitet, in der Regel die Spektralzusammensetzung der Komponenten nicht mit Bestimmtheit. Zweitens kann man mit relativ hoher Sicherheit sagen, daß im allgemeinen Fall das geophysikalische Gesamtfeld hinsichtlich des Verhältnisses der Spektraleigenschaften der Komponenten, d. h. in bezug auf die Trennbarkeit mit Hilfe eines gewählten Filters, nicht stationär ist. Drittens wird in der Praxis ein isotropes Filter benutzt, dessen Effektivität sich natürlich gleich nach der Veränderung des Isotropiegrads des Felds beim Übergang von Punkt zu Punkt verändert.

Es ist daher günstiger, bei der Lösung der Frage der Trennung des gesamten Potentialfelds die Information über den physikalischen Zusammenhang zwischen der lokalen Komponente und der ihr entsprechenden anomalienbildenden Quelle zu benutzen (das betrifft die Tiefen bis zur zu untersuchenden Strukturfläche H, die in den Eichpunkten bekannt sind). Wir berücksichtigen

$$\Delta g_l = f(H) \tag{3}$$

Bei der Wahl der Art des funktionellen Zusammenhangs (3) richten wir unser Augenmerk auf folgende Überlegungen:

Bekanntlich kann der Gravitationseffekt der Strukturoberfläche im Niveau $\bar{H}$ in erster Annäherung nach der Formel

$$\Delta g_l \approx 2\pi f \sigma_e h = ch \tag{4}$$

bestimmt werden.

Hierbei bedeuten: $h = H - \bar{H}$ — Abweichungen der Tiefen von ihrem Mittelwert;
f — Gravitationskonstante;
σ_e — effektive Dichte.

Die Gleichheit (4) gewährleistet eine hinreichende Genauigkeit, wenn die Grundrißabmessungen der lokalen Strukturen λ wesentlich über den Werten von h liegen. Andererseits kann man bei $\lambda > \bar{H}$ annehmen, daß der Gravitationseffekt von der Grenze H an der Tagesoberfläche ungefähr proportional $\Delta g \lambda(H)$ ist:

$$\Delta g_l = aH \tag{5}$$

wobei a im allgemeinen Fall nicht gleich C ist.

Die Bedingungen für die Erfüllung des linearisierten Modells (5) können in folgender Form geschrieben werden:

$$\lambda > \bar{H} \gg h \tag{6}$$

Hierbei bedeuten:
λ — Grundrißabmessung der lokalen Struktur;
$\bar{H}$ — mittlere Teufe ihrer Lagerung;
h — Schätzwert der Amplitude.

Der funktionelle Zusammenhang $\Delta g_l = f(H)$ wie in Gleichung (5) ist determiniert. Aber unter Berücksichtigung dessen, daß er in der Praxis durch die größere oder kleinere Störung der Bedingungen von (6) und durch das Auftreten der Störung kompliziert wird, betrachtet man ihn besser als quasideterminiert. Entsprechend diesen Überlegungen wird die dargelegte Methode als Methodik der quasideterminierten funktionellen Zusammenhänge (im folgenden QFZ) bezeichnet.

Unter Berücksichtigung der Linearität der Fourier-Transformation kann man ferner konstatieren, daß

$$S^H(\Delta g_l) \approx S^H(H) \tag{7}$$

wobei $S^H(\Delta g_l)$ und $S^H(H)$ die normierten Spektren der lokalen Komponenten des Gravitationsfelds bzw. der Hypsometrie sind. Daher wird die Trennung des Gesamtfelds bei der physikalisch begründeten Annahme vom linearen Charakter des Zusammenhangs zwischen Δg_l und der Hypsometrie der zu untersuchenden Grenze durchgeführt; hierbei ist die Frequenzzusammensetzung der lokalen Komponente und der Hypsometrie annähernd gleich. Man muß betonen, daß in bezug auf solche Eigenschaften, die augenscheinlich physikalischen Charakter haben, die Annahme des stationären und ergodischen Feldes innerhalb eines geologisch gleichartigen Gebiets in weitaus größerem Maße begründet ist, was es gestattet, bei der Prognostizierung des geologischen Baus des zu untersuchenden Territoriums das Modell (5) mit größerer Sicherheit zu verwenden. Wenn es z. B. innerhalb des zu untersuchenden Territoriums große und kleine lokale Strukturen gibt, dann werden die Frequenzzusammensetzung und die statistischen Charakteristiken der ihnen entsprechenden lokalen Komponente des Schwerefelds offenbar veränderlich sein, was ihre Ausscheidung auf der Grundlage der traditionellen Filterung erschwert. Gleichzeitig bleibt bei hinreichendem Aushalten der physikalischen Eigenschaften des Profils und der Erfüllung der Beschränkungen (6) die Verwendung der Trennungsmodelle (2) und (5) rechtmäßig.

Im Rahmen des zu betrachtenden Modells ist auch der physikalische Sinn des Parameters a klar: das ist der Schätzwert der Schwereaktivität der zu untersuchenden Grenze H oder einer konkordant dislozierten Folge, für die die Grenze H markierend ist. Im weiteren wird der Koeffizient als statistischer Kennwert der Schwereaktivität bezeichnet (SKS), der die Dimension mgal/km hat. Man muß folgenden Vorbehalt machen: wenn in (5) die Tiefen $H > 0$ verwendet werden, dann ist bei $\sigma_e > 0$ SKS negativ und umgekehrt. Unter realen Verhältnissen, wenn wir an die Komplexinterpretation der geologisch-geophysikalischen Daten gehen, haben wir gewöhnlich keine ausreichende Information über die Dichten der Gesteine, aus denen das Profil besteht. Wie oben gezeigt wurde, charakterisiert der SKS die Schwereaktivität der Schichtfolge, darunter auch im Fall der kontinuierlichen (aber nicht sprunghaften) Veränderung der Dichte mit der Tiefe. Außerdem ist sogar bei Anwesenheit einer Kontaktfläche der SKS ungleich $2\pi f\sigma$, und der Zusammenhang zwischen ihnen ist recht arbeitsaufwendig zu ermitteln.

Es ist daher zweckmäßig, den konkreten Wert des Parameters a zu ermitteln, wobei man von anderen Überlegungen ausgeht, nämlich von Vorstellungen über die physikalische Natur der Untergrundkomponente, die den Niederfrequenzcharakter der letzteren bedingt.

Daher wird postuliert, daß die lokale Komponente durch das Verhältnis (5) bestimmt wird, und die Untergrundkomponente, die im Ausdruck (2) figuriert, ist die maximal niederfrequente von allen möglichen. Die Forderung der maximalen Niederfrequenz der Untergrundkomponente kann für eine breite Klasse von Fällen über die Forderung ihrer minimalen Veränderlichkeit von Punkt zu Punkt im Eichraum ausgedrückt werden, d. h. über die Forderung nach ihrer maximalen Glätte:

$$\sum_{i=1}^{N-1} (\Delta g_{u\,i+1} - \Delta g_{u_i})^2 = \min \tag{8}$$

Hierbei bedeuten:
g_u — Werte der Untergrundkomponente;
$i = 1, 2, 3 \ldots N$ — Punkte der Stichprobe des Eichkollektivs, die für die Berechnung von a vorherbestimmt sind.

Die Stichprobe wird so organisiert, daß ihre Punkte längs einer gewissen hinreichend fließenden Linie mit annähernd konstantem Schritt geordnet sind.
Wenn man den Ausdruck

$$\Delta g_u = \Delta g_H - ah$$

in (8) einsetzt, dann führt die Minimalisierung zu folgender Formel:

$$a = \frac{\sum_{i=1}^{N-1} (\Delta g_{H_{i+1}} - \Delta g_{H_i})(h_{i+1} - h)}{\sum_{i=1}^{N-1} (h_{i+1} - h_i)^2} \tag{9}$$

Die Berechnung des statistischen Kennwerts der Schwereaktivität (SKS) nach Formel (9) liefert die Möglichkeit, das Gesamtschwerefeld in den Eichpunkten in die lokale und die Untergrundkomponente zu trennen. Wir bemerken, daß die Erfüllung der Bedingung (8) die Voraussetzungen für eine begründete Interpretation des Untergrundfelds in den Punkten des prognostischen Raums mittels relativ einfacher Rechenmethoden schafft. Folgendes ist offensichtlich: je größer die Niederfrequenzfunktion $\Delta g_u(x, y)$ ist, desto leichter kann man für sie ein approximierendes Polynom $P(x, y)$ einer nicht zu hohen Potenz wählen. Natürlich führen Fehler in der Berechnung des SKS nach (9), das Auftreten einer Hochfrequenzstörung im Gesamtfeld, ferner Fehler bei der Verwendung des linearisierten Modells (5) bei unzureichender Erfüllung der Bedingungen ihrer Anwendbarkeit (6) zu einer bestimmten Verzerrung der Untergrundkomponente, indem sie ihr eine aufgelagerte Hochfrequenzstörung hinzufügen. Wie die Praxis zeigt, wird ein derartiger Fehler gewöhnlich mit Erfolg bei der Approximierung von Δg_u durch die Trendfunktion $P(x, y)$ unterdrückt.
Ausführlicher werden die Fragen der Begründung und der Effektivität der Interpolation des Untergrunds im folgenden betrachtet. So werden die Werte des Untergrundfelds Δg_u, die in den Eichpunkten berechnet wurden, durch das Trendpolynom $P(x, y)$ nach der Methode der kleinsten Quadrate approximiert:

$$\sum_{i=1}^{N} [\Delta g_{ui} - P(x_i, y_i)]^2 \rightarrow \text{m.n} \tag{10}$$

wobei

$$P(x_i, y_i) = \sum_{K=0}^{M} \sum_{l=0}^{M-K} a_{kl} x_i^k y_i^l \tag{11}$$

M ist die Potenz des Polynoms, die aus den unten dargelegten Überlegungen gewählt wird.
Nachdem man in den prognostischen Punkten die Werte von $P(x, y)$ berechnet hat, kann man die Trennung des Gesamtfelds in eine Untergrundkomponente und eine lokale Komponente in den prognostischen Punkten vornehmen:

$$\begin{aligned} \Delta g_u^P(x, y) &= P(x, y) \\ \Delta g_l^P(x, y) &= \Delta g_H^z(x, y) - P(x, y) \end{aligned} \tag{12}$$

Hierbei bedeutet der Index P die Zugehörigkeit zum Prognoseraum. Die Prognostizierung wird mit der Berechnung der prognostischen Tiefen $H^z(x, y)$ nach der Formel

$$H^P(x, y) = \frac{\Delta g_l^P(x, \gamma)}{a} + \bar{H} \tag{13}$$

abgeschlossen.
Daher sieht das dargelegte Schema der Prognose lokaler Strukturen im Prinzip eine vorläufige physikalisch begründete Trennung des Gesamtfeldes am Eichobjekt vor, nämlich gesondert von der Approximierung (Interpolation) der Untergrundkomponente. Wir unterstreichen, daß bei diesem Ansatz der Untergrund in den Punkten des Eichraums völlig unabhängig davon bestimmt wird, wie er später in den prognostischen Punkten interpoliert werden wird. Bleiben wir bei der Stabilität der Lösung der Aufgabe in der Etappe der Feldestrennung. Aus dem bisher Mitgeteilten ist ersichtlich, daß in dieser Etappe nur ein Parameter bestimmt wird — die statistische Kennziffer der Schwereaktivität. Im Zusammenhang damit kann man behaupten, daß das mathematische Modell der quasideterminierten funktionellen Zusammenhänge (QFZ) sehr starr parametrisiert ist. Von diesem Gesichtspunkt ist die Bedingung der maximalen Niederfrequenz (Glätte) des Untergrunds (6) bestimmend. Schließlich führt die starre Parametrisierung, indem sie eine stabile Lösung gewährleistet, gleichzeitig zur Herabsetzung der Genauigkeit. Deshalb muß man die resultierenden Strukturschemata als prognostische betrachten.

Rechtmäßigkeit und Zweckmäßigkeit der Interpolation des Untergrunds

Bei der Lösung der Frage nach der Rechtmäßigkeit und Zweckmäßigkeit der Interpolation des Untergrunds und folglich auch der gesamten Methodik im ganzen werden folgende Faktoren in Betracht gezogen:

- die Frequenzzusammensetzung der Untergrundkomponente und der Hypsometrie der zu untersuchenden Grenzen H;
- die räumliche Struktur des Eichobjekts, d. h. der Stand der Kenntnisse über die Geologie und Geophysik des Untersuchungsgebiets;
- die Beziehung zwischen Eich- und Prognoseraum.

Offensichtlich ist die Interpolation des Untergrunds im Raum zwischen den Profilen (im Prognoseraum) nur in dem Fall zweckmäßig, wenn der im Eichraum ermittelte Untergrund eine wesentlich geringere Frequenz aufweist als die Hypsometrie der Grenze H, d. h., wenn die mittleren Grundrißabmessungen der Anomalien des Untergrunds weitaus größer sind als die mittleren Abmessungen der lokalen Strukturen im Grundriß.
Bekanntlich befinden sich die mittleren Grundrißabmessungen der Einzelanomalien oder Strukturen in direkter Abhängigkeit von den Autokorrelationsradien der Funktionen, die das Feld bzw. die Hypsometrie beschreiben. Wir vereinbaren, den Autokorrelationsradius nach dem Wert des Arguments der normierten Autokorrelationsfunktion $R^H(\varkappa)$ einzuschätzen, bei dem letztere gleich 0,5 ist. Hierbei wird berücksichtigt, daß für die willkürliche Funktion $f(x)$, die diskret in N-Punkten vorgegeben ist, die ihr entsprechende Autokorrelationsfunktion nach folgender Formel berechnet wird:

$$R^H(\varkappa) = \frac{1}{D(f)} \sum_{i=1}^{N-\varkappa} (f_i - \bar{f})(f_{i+\varkappa} - \bar{f}) \tag{14}$$

Hierbei bedeuten:
$\bar{f}$ — Mittelwert von $f(x)$;
$D(f)$ — seine Streuung.

Man muß den Vorbehalt machen, daß die Formel (14) richtig ist, wenn $f(x)$ ein hinreichend langer Abschnitt der Realisierung der stationären ergodischen Zufallsfunktion ist.
Wir bezeichnen die Radien der Autokorrelation des Untergrunds und der Hypsometrie durch $\varkappa_u$ und $\varkappa_H$:

$$\varkappa_u = \varkappa(R_u{}^H = 0{,}5); \qquad \varkappa_H = \varkappa(R_H{}^H = 0{,}5). \tag{15}$$

Dann kann die Bedingung für die Zweckmäßigkeit der Interpolation des Untergrunds und folglich für die Anwendung der Prognostizierungsmethodik durch das Verhältnis dieser Größen geschrieben werden:

$$\varkappa_u > \varkappa_H$$

Jedoch bei Erfüllung der Bedingung (16) ist die Interpolation des Untergrunds zwischen den Eichpunkten (oder Eichprofilen) nicht immer rechtmäßig, weil der mittlere Abstand L zwischen ihnen nicht die Möglichkeit einer stabilen Interpolation gewährleistet, bis dahin, daß zwischen den Eichpunkten (-profilen) geschlossene Anomalien des Untergrunds auftreten können. Als Bedingung für die Rechtmäßigkeit der Interpolation des Untergrunds kann daher die Beziehung

$$\varkappa_u > L \tag{17}$$

dienen.
Man kann zeigen, daß diese Bedingung für die Gewährleistung einer rechtmäßigen, stabilen Interpolation notwendig ist. Da das oben beschriebene Verfahren der Feldtrennung die Ausscheidung (Ermittlung) der maximal niederfrequenten Untergrundkomponente garantiert, kann man eine gewisse angenäherte Idealisierung davon in Form einer Funktion mit monochromatischem Spektrum sehen, das der Hauptfrequenz (Trägerfrequenz), d. h. einer Sinusoide, entspricht. Bekanntlich hat die ihr bedingt entsprechende Autokorrelationsfunktion die Gestalt einer Kosinusoide mit der gleichen Periode. Der Radius der Autokorrelation, geschätzt nach $R^H = 0{,}5$, ist gleich einem Drittel der Halbperiode. In diesem Fall fordert die Bedingung (17) das Vorhandensein von nicht weniger als drei bis vier Meßpunkten. Innerhalb einer Halbwelle der Sinusoide, d. h. einer Einzelanomalie. Und das gewährleistet, daß die Berechnung des Untergrunds in den prognostischen Punkten mit Hilfe der polynomalen Approximierung begründet ist. Wenn der Abstand zwischen den Eichpunkten (-profilen) $\varkappa_u$ unbedeutend überschreitet, muß man sich den Ergebnissen der Prognose gegenüber vorsichtig verhalten und sie nur auf qualitativer Ebene verwenden. Wenn andererseits $L < \varkappa_u$ ist, dann verschwindet die Zweckmäßigkeit des Prognostizierens, da die Dichte der Eichpunkte eine sichere Interpolation der Tiefen in den Zwischenpunkten (Prognosepunkten) gewährleistet. Daher werden Rechtmäßigkeit und Zweckmäßigkeit des quantitativen Prognostizierens durch die kombinierte Bedingung

$$\varkappa_H < L < \varkappa_u \tag{18}$$

bestimmt.
Für die Erweiterung der Grenzen der Anwendbarkeit des quantitativen Prognostizierens wird folgendes vorgeschlagen. Aus (2) und (5) folgt:

$$\Delta\bar{g}_H = \Delta\bar{g}_u + a\bar{h}$$

Aber $h = H - \bar{H}$, folglich ist $h = 0$. Bei der Approximierung des Untergrunds mit dem Trendpolynom $P(x, y)$ nach der Methode der kleinsten Quadrate haben wir:

$$\Delta g_u = \bar{P}$$

woraus folgt:

$$\Delta g_H = \bar{P} \tag{19}$$

Die Bedingung (19) wird zu (10) hinzugefügt

$$\sum_{i=1}^{N} [\Delta g_{ui} - P(x_i, y_i)]^2 + \lambda \sum_{j=1}^{N_i} [\Delta g_{H_i} - P(x_j, y_j)] \to \min \tag{20}$$

und die Approximierung erfolgt nach der Methode von LAGRANGE für das Aufsuchen des bedingten Extrems. Hierbei ist λ der LAGRANGE-Multiplikator, der keinen physikalischen Sinn hat. Das Gebiet der Punkte $j = 1, 2, 3 \ldots N_j$, für das die Bedingung (19) gestellt wird, wird in Form eines oder zweier Fenster vorgegeben. So verringert sich z. B. der Fehler der Prognose, geschätzt durch eine unabhängige Kontrolle in Punkten innerhalb dieses Umrisses bei Annahme der Bedingung (19) um zwei Drittel bei der Verwendung eines Richtgebiets, das nach einem bestimmten Umriß vorgegeben wird, der am Rand des zu prognostizierenden Territoriums verläuft. Betrachten wir die Frage der Wahl der optimalen Ordnung des Trendpolynoms, das den Untergrund approximiert. Einerseits muß ein optimales Polynom die geforderte Genauigkeit der Approximierung gewährleisten, was mit der Notwendigkeit der Erhöhung seiner Ordnung zusammenhängt. Andererseits muß das ausgewählte Trendpolynom seiner Frequenzzusammensetzung nach dadurch charakterisiert sein, daß es der Funktion des in den Eichpunkten ausgeschiedenen Untergrunds nahekommt. Optimal ist daher ein Polynom maximaler Potenz, das gleichzeitig durch einen Autokorrelationsradius $\varkappa_T = \varkappa(R_T{}^H = 0{,}5)$ charakterisiert wird, der nicht kleiner ist als $\varkappa_u$. Man muß auch eine solche Überlegung in Betracht ziehen wie die Nähe des Mittelwerts des Trends auf dem gesamten Territorium zum Mittelwert des Gesamtfelds, was aus (19) folgt.
Bei der Analyse der Frequenzzusammensetzung des Untergrunds und des Trends ist es nützlich, die Lage der Basisprofile zu berücksichtigen, nach deren Daten die Autokorrelationsfunktion des Untergrunds berechnet wird. Als den bequemsten kann man jenen Fall betrachten, wenn im Eichdatenkollektiv hinreichend lange orthogonale Profile vorhanden sind. In diesem Fall besteht die Möglichkeit, die Autokorrelationsradien nach den Richtungen x und y zu berechnen, was im Fall der Anisotropie der Frequenzeigenschaften des Untergrunds erlaubt, die zulässigen Grenzen der Interpolation in jeder Richtung einzuschätzen.
Jedoch stößt man in der Praxis des öfteren auf das Fehlen einer solchen Möglichkeit, da die Eichprofile gewöhnlich in einer Richtung vorgegeben sind. Wenn die Richtung der Profile mit der Richtung des maximalen Horizontalgradienten des Schwerefelds zusammenfällt, dann können wir, wenn wir auch eine etwas zu niedrige Schätzung der Interpolationsgrenzen der Untergrundkomponente erhalten, um so mehr von der Rechtmäßigkeit der Interpolation des Untergrunds im Raum zwischen den Profilen überzeugt sein. Wenn die Richtung der Basisprofile mit der Richtung der Isoanomalen des Schwerefelds zusammenfällt, erhalten wir eine etwas zu hohe Schätzung der Interpolationsgrenzen. In diesem Fall muß man sich zur

Interpolation der Untergrundkomponente besonders vorsichtig verhalten.
Zugleich muß man bemerken, daß die seismischen Profile in der Regel quer zum vermutlichen Streichen der lokalen Strukturen, die gewöhnlich mit dem vorherrschenden Streichen der großen geostrukturellen Elemente in Zusammenhang gebracht werden, vorgegeben werden. Letztere bestimmen hinreichend häufig ihrerseits das vorherrschende Streichen der Anomalien des Schwerefelds. Aus dem Gesagten geht hervor, daß eine Erniedrigung der Interpolationsgrenzen der Untergrundkomponenten längs ihres Streichens vom geologischen Gesichtspunkt weitaus wahrscheinlicher ist als ihrer Erhöhung.

2. Die Genauigkeit der stukturellen Konstruktionen und die Bestimmung des notwendigen und hinreichenden Netzes der seismischen Profile

Die objektive Einschätzung der Genauigkeit der strukturellen Konstruktionen ist eine wichtige Aufgabe, die die rationelle Anwendung der vorgeschlagenen Methodik bestimmt. Der Umfang (das Volumen) des Eichraums ist häufig unzureichend dafür, um in seinen Grenzen den Eichkontrollraum R^{ek} auszuscheiden, was die Gewährleistung einer unabhängigen Kontrolle der Genauigkeit der strukturellen Konstruktionen erschwert. Unter diesen Verhältnissen erlangt die analytische Berechnung der Fehler der strukturellen Konstruktionen besonders große Bedeutung; sie erlaubt es, den Fehler der strukturellen Konstruktionen nach den vorhandenen Eichdaten vorauszusagen.
Eine andere wichtige Frage der rationellen Anwendung der vorgeschlagenen Methodik ist die Bestimmung der notwendigen und hinreichenden Dichte des Netzes der seismischen Erkundungsprofile, die in den Eichraum einzubeziehen sind. Diese Frage ist deshalb besonders aktuell, weil die Einführung hocheffektiver Methoden der seismischen Erkundung, wie MRGE (Methode des regulierten gerichteten Empfangs) und METP (Methode des einzelnen Tiefenpunkts) zu einer wesentlichen Komplizierung des Beobachtungssystems und der Verfahren zur Bearbeitung des Primärmaterials führt und folglich zur Erhöhung der Selbstkosten für den laufenden Kilometer seismischer Profile. Oben wurde gesagt, daß auf der Grundlage der komplexen Bearbeitung der Daten der gravimetrischen Erkundung und eines weitmaschigen Netzes seismischer Profile die Anfertigung prognostischer Strukturschemata zwecks Aufsuchen lokaler Strukturen möglich ist.
Der Fehler prognostischer struktureller Konstruktionen auf der Grundlage der vorgeschlagenen Methodik kann nach der Formel

$$\varepsilon = \sqrt{\varepsilon_s^2 + \varepsilon_g^2 + \varepsilon_p^2} \tag{21}$$

errechnet werden.

Hierbei bedeuten:

ε_s — Fehler der Ausgangsdaten (Eichdaten) der seismischen Erkundung bei der Bestimmung der Tiefe;
ε_g — Fehler bei der Bestimmung der prognostischen Werte der Tiefe durch Fehler der Daten der gravimetrischen Erkundung;
ε_p — Fehler der eigentlichen Prognose, wenn man vom Eichraum in den prognostischen Raum geht.

Daher setzt sich der Fehler der strukturellen Konstruktionen aus dem Fehler der Eichdaten (H und Δg_H) und dem eigentlichen Prognosefehler zusammen.

Bekanntlich haben die Eichausgangsdaten einen Fehler (und bisweilen einen sehr bedeutenden), den man bei der Bestimmung der Genauigkeit der strukturellen Konstruktionen berücksichtigen muß. Wenn man die Größe und das spezifische Gewicht des Fehlers der seismischen Erkundung analysiert, muß man folgende Umstände in Betracht ziehen:

- Ein großer Teil des Fehlers der seismischen Erkundung (ε_s) ist in der Regel durch Fehler bei der Bestimmung der Ausbreitungsgeschwindigkeiten der elastischen Schwingungen im Profil bestimmt. Neben der zufälligen Komponente ist hierbei im Gesamtfehler der seismischen Erkundung ε_s ein systematischer Fehler vorhanden;
- Von größtem Interesse in der Suchetappe ist für die Geologen nicht die absolute Lagerungsteufe des seismischen Leithorizonts, sondern sein Strukturplan.

Daher kann eine objektive Einschätzung der Genauigkeit der seismischen Erkundung nach unserer Ansicht nur auf der Analyse der Ähnlichkeit der Daten von seismischer Erkundung und des Bohrens unter vorheriger Reduzierung auf ein einheitliches Tiefenniveau begründet sein. Leider hat die Größe des Fehlers der seismischen Erkundung offensichtlich die Tendenz zuzunehmen, wenn die zu untersuchende Fläche entfernt von den abgebohrten Strukturen liegt. Dieser Umstand ist gewöhnlich charakteristisch in dem Fall, wenn sich die Zeit der Ausführung und die Methodik der auf der Fläche durchgeführten seismischen Erkundung wesentlich unterscheiden. Daraus folgt, daß der Fehler der seismischen Erkundung innerhalb der zu untersuchenden Fläche a priori nach den Ergebnissen der seismischen Erkundungsarbeiten auf benachbarten Flächen vorgegeben wird und eine konstante Größe ist.
Der durch den Fehler der gravimetrischen Erkundung (ε_g) bedingte Fehler bei der Bestimmung der Tiefe wird nach der Formel

$$\varepsilon_g = \frac{\varepsilon_{ga}}{|a|} \tag{22}$$

bestimmt.

Hierbei bedeuten:

ε_{ga} — Fehler der gravimetrischen Aufnahme, mgal;
w — statistische Kennziffer der Schwereaktivität, mgal/km.

Daher ist ε_g umgekehrt proportional dem Modul der Größe der statistischen Kennziffer der Schwereaktivität a. Je kleiner der Wert $|a|$ ist, desto größer ist der Fehler bei der Bestimmung der Tiefe, der durch die Fehler der gravimetrischen Erkundung bedingt ist. Bei kleinen Werten von $|a|$ erhöhen sich deshalb die Forderungen an die Genauigkeit der gravimetrischen Erkundungsdaten. Natürlich hängt der Fehler ε_g auch vom Grad der Zuverlässigkeit ab, mit der die Kennziffer der Schwereaktivität a bestimmt wird. Zur Erhöhung ihrer Sicherheit ist es nützlich, SKS nach Formel (9) aus verschiedenen Stichproben aus der Gesamtheit der Eichpunkte zu bestimmen. Danach erfolgt ein Vergleich der Schätzwerte zur Ermittlung der statistischen Homogenität des zu untersuchenden Territoriums und zur Verringerung der zufälligen Fehler bei der Bestimmung von a. Wenn bei einer solchen Analyse ein wesentlicher Unterschied in den Werten von SKS nach verschiedenen Stichproben festgestellt wird, muß man das zu untersuchende Territorium in statistisch homogene (im genannten Sinn) Gebiete trennen. Aus der Analyse von Formel (22) für ε_g folgt, daß bei dem Modul nach kleinen Werten von SKS der Fehler der prognostischen Konstruktionen ε stark zunimmt. Andererseits zeugt ein kleiner Wert von $|a|$ von einer geringeren Schwereaktivität der zu untersuchenden Grenze. Ein unzulässig großer Fehler von ε, bedingt durch einen kleinen Wert von $|a|$, zeugt deshalb von einem geringen Informationsgehalt des Schwerefelds in bezug auf den Strukturplan der Grenze und folglich von der Unmöglichkeit der Prognose. Daher spielt die Genauigkeit der Daten der Schwereerkundung bei der Bestimmung der Genauigkeit prognostischer Konstruktionen auf der Basis einer vorgeschlagenen Methodik eine wichtige Rolle. Die dritte Komponente der Fehler struktureller Konstruktionen ist der Fehler bei der Prognose der Hypsometrie (ε_p) der zu untersuchenden geologischen Grenze. Offensichtlich ist, das bei der akzeptierten Methodik der strukturellen Konstruktionen ε_p durch die Fehler bei der Interpolation der Untergrundkomponente des Schwerefelds im Raum zwischen den Profilen bedingt wird. Die Größe des Fehlers der Prognose ε_p muß mit wachsender Entfernung in den prognostischen Raum zwischen den Profilen R^P gesetzmäßig zunehmen und hängt von der Frequenzzusammensetzung der Untergrundkomponente Δg_u des Schwerefelds ab. Deshalb kann man die Größe des Fehlers der Prognose nach der Formel

$$\varepsilon_p = \frac{\gamma}{a}\left(1 + \sqrt{1 - [R_u{}^H]^2}\right) \tag{23}$$

einschätzen.

Hierbei bedeuten:

γ — mittlerer quadratischer Fehler der Approximierung des Untergrunds durch das Trendpolynom;

$R_u{}^H(x)$ — Größe der normierten Autokorrelationsfunktion der Untergrundkomponente bei einem Wert des Arguments, der gleich der Entfernung zwischen dem Punkt der Bestimmung des Fehlers und dem nächsten Punkt ist.

Daher ist der Fehler bei der Prognose der Hypsometrie der zu untersuchenden geologischen Grenze ε_p eine Funktion der Entfernung des prognostischen Punkts vom Eichraum $\varkappa$, und folglich wird der Fehler der strukturellen Konstruktionen eindeutig durch ebendiesen Faktor bestimmt. D. h.,

$$\varepsilon = f(\varkappa) \tag{24}$$

wobei $\varkappa$ die Entfernung des prognostischen Punkts vom Eichpunkt ist.

Bei der Wahl des Isohypsenabstands der zusammenfassenden Strukturschemata muß man den Fehler der strukturellen Konstruktionen im entferntesten Punkt des Prognoseraums berücksichtigen.

Bestimmung der notwendigen und hinreichenden Dichte des Netzes der seismischen Profile und der Einzeltiefbohrungen

Wie eben gesagt wurde ist die Interpolation des Untergrunds Δg_u in den Prognoseraum hinein in dem Fall richtig, wenn

$$L < \varkappa_u \tag{25}$$

wobei L der Abstand zwischen den seismischen Profilen ist. Es wird vorgeschlagen, $L = \varkappa_u$ als notwendigen Abstand zwischen den seismischen Profilen zu bezeichnen, der die Möglichkeit einer korrekten Ausführung der Interpolation der Werte des regionalen Untergrunds im prognostischen Raum und nachfolgender struktureller Konstruktionen nach der vorgeschlagenen Methodik gewährleistet. Wenn man zur Arbeit an jeder konkreten Fläche schreitet, muß man sich vor allem davon überzeugen, daß die notwendige Dichte des Netzes der seismischen Profile und der Einzeltiefbohrungen vorhanden ist.

Bei der Bestimmung der notwendigen Dichte des Netzes der seismischen Profile ist es erforderlich, daß die Autokorrelationsfunktion der Untergrundkomponente des Schwerefelds in der Richtung bestimmt wird, die senkrecht zur Richtung der meisten Profile verläuft. In der Praxis ist die letztgenannte Forderung infolge des Fehlens verbindender seismischer Eichprofile bisweilen schwer zu realisieren. In diesen Fällen muß man die Autokorrelationsfunktionen benutzen, die nach der Richtung der seismischen Profile konstruiert sind, was nicht völlig korrekt ist. Außerdem muß man folgende Überlegung in Betracht ziehen. Wie gesagt wurde, nimmt der Fehler der strukturellen Konstruktionen mit wachsender Entfernung in den Prognoseraum hinein zu. Ausgehend von der gestellten geologischen Aufgabe und unter Berücksichtigung der Genauigkeit der Eichdaten kann man den zulässigen Fehler der strukturellen Konstruktionen ε_z vorgeben, dem der zulässige Abstand zwischen den Eichproben L_z entspricht. Bei Einsetzen dieser Größen in (24) erhalten wir:

$$\varepsilon_z = f(L_z) \tag{26}$$

Die konkrete Art der Abhängigkeit (26) kann man angeben, indem man (21) und (25) gemeinsam löst:

$$R^2(L_z) = 1 - \left(\frac{a}{\gamma}\sqrt{\varepsilon_t{}^2 - \varepsilon_s{}^2 - \varepsilon_g{}^2} - 1\right)^2 \tag{27}$$

Das Argument der Autokorrelationsfunktion, deren Wert die Gleichung (27) erfüllt, bestimmt die Dichte des Netzes der seismischen Profile, die für die Ausführung struktureller Konstruktionen auf der Grundlage der vorgeschlagenen Methodik mit der vorgegebenen Genauigkeit hinreichend ist.

Auf der Grundlage der dargelegten Methodik wurden der Algorithmus und das Programm der QFZ (quasideterminierte funktionelle Zusammenhänge) für den Elektronenrechner BESM-6 ausgearbeitet.

3. Die geologischen Ergebnisse bei der Prognostizierung lokaler Strukturen in erdöl- und erdgashöffigen Gebieten

Die oben beschriebene Methode detaillierter struktureller Konstruktionen (QFZ) wird in einer Reihe erdöl- und erdgashöffiger Gebiete der Sowjetunion und insbesondere im Bereich Westjakutiens (Sibirische Tafel) angewandt, wobei auf einigen Feldern die Ergebnisse in der Folgezeit durch die detaillierte seismische Erkundung und das Bohren bestätigt wurden. Als Beispiel führen wir hier die geologischen Ergebnisse an, die auf einer der Flächen erhalten wurden, die im Bereich des Byrakan-Vorsprungs der Viljuj-Synklise liegt[1]). In diesem Bereich bilden die seismischen Eichprofile ein geschlossenes Vieleck isometrischer Form mit einer Fläche von etwa 2500 km² und einem Abstand von 50 × 50 km zwischen den Profilen (s. Abb. 1). Als Eichdaten der seismischen Erkundung wurden die

[1]) Die geologischen Verhältnisse dieses Territoriums sind dargestellt in dem Aufsatz von: ARABADŽI, M. S.; MIL'NIČUK, V. S. u. a.: Grundzüge des geologischen Baus und die Perspektiven der Erdöl- u. Erdgasführung Westjakutiens (s. Z. angew. Geol., Berlin 24 (1978) 9.

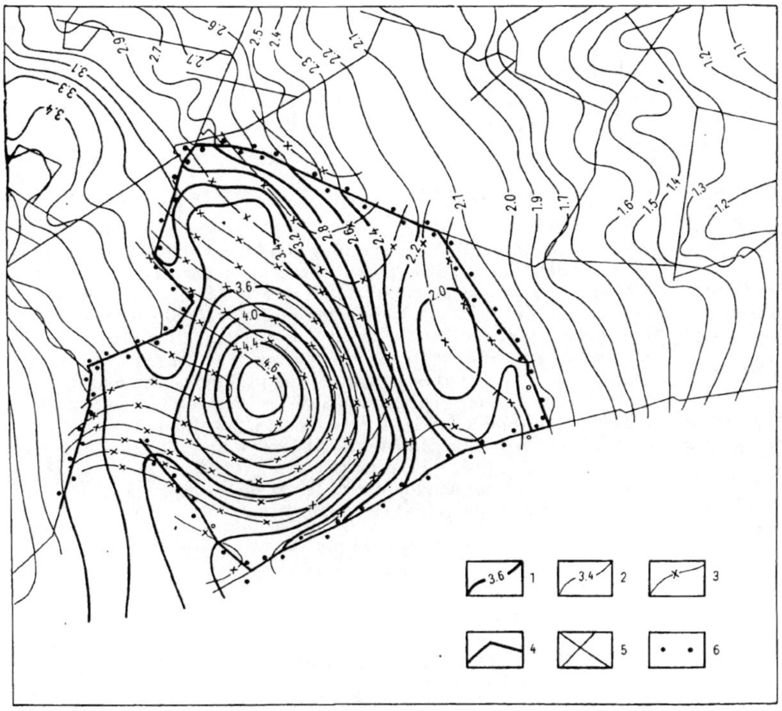

Abb. 1. Strukturkarte anhand des Basishorizonts TP

1 – Isolinien der prognostischen Lage des Horizonts TP; 2 – Tiefenisolinien des Horizonts TP nach den Daten der seismischen Erkundung; 3 – Isolinien des regionalen Untergrunds; 4 – Seismische Eichprofile; 5 – Sonstige seismische Profile; 6 – Eichpunkt

absoluten Höhenmarken des Hangenden der permischen Schichten (seismischer Horizont TP) auf den seismischen Erkundungsprofilen verschiedener Jahre verwendet, die die Prognosebereiche umgrenzen. Als Eichdaten der gravimetrischen Erkundung wurden die Werte der Schwerkraftanomalien in der Bouguer-Reduktion verwendet.

Der Wert der statistischen Kennziffer der Schwereaktivität ist hier hinreichend hoch, nämlich 3,81 mgal/km, was von einem deutlichen Auftreten von Strukturen nach dem TP-Horizont im Schwerefeld zeugt. Jedoch ist die paarweise Korrelation der Schwerkraftwerte mit dem Relief der TP-Grenze schwach: der Wert des Korrelationskoeffizienten beträgt insgesamt 0,123. Dieser Wert weist auf die komplizierte Zusammensetzung der zu untersuchenden Abhängigkeit und die praktische Unmöglichkeit der Verwendung der paarweisen Bindung für die Aufgabe der Prognose hin.

Die Frequenzanalyse der zu vergleichenden Eichparameter zeugt ebenfalls von der Kompliziertheit der gestellten Aufgabe. Die mittlere Abmessung der Struktur des TP-Horizonts beträgt nach den Daten der Autokorrelationsanalyse insgesamt 11 km (bei einer Breite des Prognosebereichs von etwa 50 km). Unter vorteilhafteren Bedingungen liegt vom Gesichtspunkt einer möglichen Interpolation die ausgeschiedene Untergrundkomponente vor: die mittlere Abmessung ihrer Anomalien erreicht 16 km (s. Abb. 2). Bemerkt sei, daß dieser Wert auch keinen hinreichenden Grund für die Interpolation des Untergrunds in den Raum zwischen den Profilen liefert, da der verdoppelte Wert $2\varkappa_R H_{\Delta gu=0,5} = 32$ km geringer ist als die Abstände zwischen den Eichprofilen. Dem Wesen nach bleibt bei der Interpretation im zentralen Teil der Fläche ein Bereich mit linearen Abmessungen von etwa 8 bis 10 km nicht untersucht, innerhalb dessen die Interpolation und folglich auch die Prognose unbegründet durch

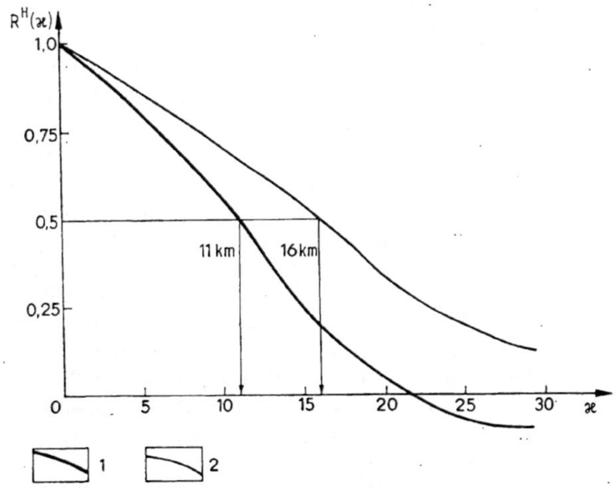

Abb. 2. Vergleich der Frequenzcharakteristiken der Komponenten des Schwerefeldes

1 – Lokale Komponente; 2 – Untergrundkomponente

geführt werden. Dieser Umstand muß bei der Analyse der Ergebnisse der Prognose berücksichtigt werden.

Der Charakter der Verteilung der Untergrundkomponente (s. Abb. 1) ist hinreichend einfach. Hier tritt ein großes, E–W orientiertes Minimum hervor, das sich in westlicher Richtung öffnet. Jedoch seine östliche Periklinale, die im zentralen Teil des prognostischen Bereichs liegt, ist unter dem Aspekt der oben angeführten Beschränkung unzureichend sicher begründet. Im strukturgeologischen Plan kann diese regionale Anomalie mit dem Abtauchen der Gesteine des Perms in Zusammenhang gebracht werden, deutlich fixiert nach dem TP-Horizont auf dem Eichprofil im westlichen Teil des Polygons, wo der Horizont in Tiefen von 3,5 bis maximal 3,8 km abtaucht.

Die Einschätzung der Genauigkeit der Prognose, durchgeführt nach den Formeln (21), (22) und (23), liefert die folgenden Ergebnisse:

$\varepsilon_s \approx 0{,}05$ km;
$\varepsilon_g \approx 0{,}09$ km;
$\varepsilon_p \approx 0{,}01$ km;
$\varepsilon = 104$ m.

Von diesen Daten ausgehend, wurde ein Strukturlinienabstand auf der prognostischen Strukturkarte von 200 m gewählt. Auf der erhaltenen Strukturkarte (s. Abb. 1) nimmt nach dem Basishorizont TP eine große Mulde mit Abmessungen über 30×50 km und einer Absenkungsamplitude von über 1000 m den Hauptteil der prognostischen Fläche ein. Sie ist in submeridionaler Richtung leicht gestreckt und wird in der nördlichen Periklinale durch eine terrassenartige Stufe kompliziert. Unter Berücksichtigung der oben gemachten Annahmen müssen die Form des zentralen Teils der Mulde und die Lagerungstiefe des TP-Horizonts präzisiert werden; sicher ist jedoch, daß in diesem schwach untersuchten Teil der Fläche positive Strukturformen fehlen.

Von größtem Interesse innerhalb der zu untersuchenden Fläche ist eine ziemlich große, NNW streichende Antiklinalhebung, die im E an die oben beschriebene Mulde grenzt. Die Abmessungen dieser Antiklinalhebung erreichen 20×10 km bei einer Amplitude von etwa 200 m. Der Südwestflügel der Antiklinale ist steiler; hier taucht die Oberfläche der premischen Schichten mit einem erheblichen Gradienten ab, der 100 bis 150 m/km erreicht. Der Nordostflügel und die Periklinale sind bedeutend flacher. Die nachgewiesene Hebung liegt in der Nähe eines Eichprofils, d. h. in der Zone der sicheren Interpolation der Untergrundkomponente. Dieser Umstand sowie der praktisch monoklinale Charakter der letzteren dienen als Grundlage für den sicheren Nachweis der Struktur. Obgleich sich die nachgewiesene (ausgeschiedene) Struktur (der Amplitude nach) an der Grenze der Genauigkeit der Prognose befindet, zeugen der Charakter ihrer Lage auf der Fläche und die Besonderheiten der Ausscheidung von der Sicherheit ihrer Begründung. Im Zusammenhang damit erscheint es zweckmäßig, diese Struktur als eines der erstrangigen Objekte für das Ansetzen detaillierter seismischer Arbeiten zu empfehlen.

Die geologischen Ergebnisse bei der Anwendung der Methodik der Prognostizierung lokaler Strukturen auf der Grundlage der komplexen Bearbeitung der Daten von Gravimetrie und Seismik gestatten es, Schlüsse über die Zweckmäßigkeit ihrer Verwendung in verschiedenen erdgas- und erdölhöffigen Gebieten bei geringer und ungleichmäßiger Untersuchtheit und insbesondere im Gebiet des Seichtwasserschelfs zu ziehen. Die Ergebnisse dieser Arbeiten geben ferner die Möglichkeit, in jedem konkreten Fall Empfehlungen hinsichtlich des rationellen Komplexes geologisch-geophysikalischer Untersuchungen zum Nachweis von Fallen zu formulieren.

Zusammenfassung

Auf der Grundlage der Verwendung eines mathematischen Apparats (Modell) für die Komplexinterpretation der Ergebnisse verschiedener geologisch-geophysikalischer Methoden bei der Untersuchung des geologischen Tiefenbaus von erdöl- und erdgashöffigen Regionen wurden die theoretischen Grundlagen eine Methodik zur Prognostizierung lokaler Strukturen nach den Daten der gravimetrischen Erkundung und eines weitmaschigen Netzes seismischer Erkundungsprofile festgelegt. Die ausgearbeitete Methodik fand im Bereich Westjakutiens Anwendung, wobei positive Ergebnisse erzielt wurden. Die gewonnenen Erfahrungen zeigen, daß es zweckmäßig ist, diese Methodik bei geringem und ungleichmäßigem Untersuchungsgrad und insbesondere im Schelfgebiet einzusetzen.

Резюме

На основе применения математического аппарата для комплексной интерпретации результатов различных геолого-геофизических методов при изучении глубинного геологического строения газонефтеперспективных регионов разработаны теоретические основы методики прогнозирования локальных структур по данным гравиразведки и редкой сети сейсморазведочных профилей. Разработанная методика нашла применение в пределах Западной Якутии, где получены положительные резултаты. Опыт работ говорит о целесообразности применения разработанной методики в условиях слабой и неравномерной изученности и, в частности, в области шельфа.

Summary

Theoretical bases of a technique for prognosticating local structures by gravimetric exploration data and a wide-mesh network of seismic prospecting profiles were fixed by means of a mathematical apparatus (model) for the complex interpretation of results obtained by various geological-geophysical methods during the investigation of the geological structure of depth of probable oil and gas-containing regions. This technique was used in West Yakutia, where positive results were achieved. From the experiences results that it is suitable to use the technique at a low and uneven degree of investigation, and in particular in the shelf zone.

Literatur

GOL'CMAN, F. M.: Statistische Interpretationsmodelle. — Moskva: Izdat. Nauka 1971.

Zeitschrift für angewandte Geologie, Bd. 25 (1979), Heft 8

Beitrag zur Kenntnis über die Eigenschaften und die Genese von Flint

BLANKENBURG, H.-J.; RÖSLER, H. J., Freiberg

Veröffentlichung Nr. 993 der Sektion Geowissenschaften, Wissenschaftsbereich Geochemie/Mineralogie an der Bergakademie Freiberg

1. Einleitung

Der sedimentäre Bereich ist, soweit es die Quarzsedimente betrifft, einerseits durch bedeutende Sand- und Kiesvorkommen und andererseits durch verschiedenartige nichtklastische kieselige Bildungen gekennzeichnet. Erstere sind Ausdruck der Verwitterungsresistenz des Quarzes und letztere der Löslichkeitsunterschiede der Kieselsäure in Wasser unter verschiedenen ptx-Bedingungen.
Die Löslichkeit des SiO_2 in Wasser ist gering und abhängig von der Temperatur, dem Druck, dem pH-Wert und anderen Faktoren, wie dem kristallinen Ordnungsgrad des SiO_2-Ausgangsmaterials und der Korngröße.
Das SiO_2-Angebot für die kryptokristallinen SiO_2-Sedimente bzw. die Quarzneubildungen im sedimentären Bereich ist daher wahrscheinlich vor allem aus dem Verwitterungsvorgang von Silikaten bzw. durch aszendente Zufuhr zu erklären.

2. Spurenelementgehalt und Eigenschaften von Flint

Chemische Untersuchungen an Flint liegen von mehreren Autoren vor; in der Tab. 1 sind die Analysen zusammengefaßt worden.
Der mittlere Al-Gehalt beträgt 468 ppm; er ist damit z. T. niedriger als der magmatischer und postmagmatischer Derbquarze. Mit 146 ppm ist der Borgehalt bemerkenswert hoch. Da gleichzeitig Barium mit 40 ppm nachgewiesen wurde, ergibt sich ein Ba/B-Verhältnis von 0,27.

Tab. 1. Spurenelemente im Flint (ppm)

Element/ Oxid	Mittelwert aller Analysen[1])	
Al	468	(8)
As	1,9	(2)
B	146	(5)
Ba	40	(3)
Cu	11	(5)
Ca	2234	(7)
Fe	2104	(7)
Ge	0,6	(5)
Hg	0,055	(1)
K	905	(10)
Mg	245	(9)
Mo	0,3	(7)
Na	571	(10)
Ti	—	(7)
Zr	15	(5)
SiO_2	95,48%	(6)
SO_3	0,52%	(1)
org. Substanz	0,24%	(1)

Zahlen in Klammern: Analysenzahlen
nicht nachweisbar: Be, Co, Cr, Ga, Li, Mn, Nb, Ni, Pb, Rb, Sr, Sn, V
[1]) BUCHHOLZ 1978; BROOKS & SHAW 1972; CHILINGAR 1956; FLÖRKE 1961; GADE, KIRSCH & POLLMANN 1963; KURODA & SANDELL 1954; ONISHI & SANDELL 1955; SCHULLE 1965; TÖPPLER 1962; WALENCZAK 1965; VIŠNAKOV 1953; SCHRÖN 1968 und Analysen der Autoren.

Eingang des Manuskripts in der Redaktion: 16. 3. 1979.
Vortrag zur Tagung des Fachbereichs Mineralogie/Geochemie „Sedimentgeochemie und Hydrogeochemie" in Greifswald am 18. 10. 1978.

Tab. 2. Spurenelementverteilung in einer Flintknolle aus dem Kieswerk Langhagen (ppm)

Element	Kern	Mittlerer Teil	Periphärer Teil
Al	200	170	200
B	52	180	220
Ba	18	90	< 15
Cu	5	4	5,5
Fe	105	80	50
Mg	15	22	55
Zr	12	16	12

In den hydrothermalen eba-Chalcedonen und in allen Quarzen liegt das Ba/B-Verhältnis bei > 17,3. Kalzium ist wahrscheinlich vorwiegend an Kalzit- und Eisen an Pyriteinlagerungen gebunden. Der Ge-Wert ist mit 0,6 ppm sehr gering; Hg wurde in ähnlicher Größenordnung wie in hydrothermalen Quarzen nachgewiesen. Der Mg-Gehalt ist für SiO_2-Bildungen relativ hoch; er ist möglicherweise durch die Kalzit-Einlagerungen verursacht. Auch die Alkaliwerte sind beachtlich. Der Titan- und Zirkoniumgehalt ist sehr niedrig und zahlreiche Elemente, wie Be, Ga, Li, Mn, Sr usw. ließen sich nicht nachweisen.
VIŠNAKOV (1953) und CHILINGAR (1956) untersuchten je eine Chert- bzw. Flintprobe auf die Verteilung der wichtigsten Begleitelemente. Sie analysierten die periphere Zone, mittlere Bereiche und den Kern separat. Die Werte zeigen deutlich, daß die randlichen Partien höhere Gehalte an Begleitelementen aufweisen als der Kern und daß bei $CaCO_3$ zwischen Rand und Zentrum die deutlichsten Unterschiede (größer als eine Zehnerpotenz) vorliegen.
Die Spurenelementuntersuchungen an einer Flintprobe aus der Kiesgrube Langhagen (Mecklenburg) bestätigen diese Aussage auch für Bor und Magnesium, deren Gehalt von 52 auf 220 ppm bzw. von 15 auf 55 ppm von innen nach außen zunimmt. Eisen verhält sich gegenläufig (innen 105 ppm und außen 50 ppm). Aluminium, Kupfer und Zirkonium weisen nur geringfügige Unterschiede auf, und Barium zeigt ein Maximum in der mittleren Partie (s. Tab. 2).
Röntgenographische Phasenuntersuchungen von BUURMAN & VAN DER PLAS (1971) und von GADE, KIRSCH & POLLMANN (1963) ergaben im Flint folgende Paragenesenminerale: Kalzit, Tridymit, Cristobalit, Glimmer, Nontronit sowie amorphes SiO_2.
Eine Paragenese anderer Art beschreibt MÜLLER (1951): „Die Schwefeleisenkonkretionen aus der obersenonen Schreibkreide von Rügen finden sich entweder unregelmäßig über die ganze Schichtfolge verteilt oder in einzelnen Lagen gehäuft. Bei lagiger Anordnung halten sie sich meist an Feuersteinbänder und bilden hier zusammen mit dem Feuerstein gelegentlich komplizierte Verbände." Diese Konkretionen werden näher beschrieben und ihre Genese diskutiert.

GADE, KIRSCH & POLLMANN (1963) schrieben am Schluß ihrer Röntgenuntersuchungen: „Die Dunkelfärbung von Flint ist vermutlich vorwiegend durch das Vorhandensein von amorphem SiO_2 bedingt; heller Feuerstein bzw. helle Partien oder weißliche Rinden enthalten kein amorphes SiO_2."

WETZEL (1933) und MÜLLER (1951) führten Dunkelfärbung dagegen auf dispers verteilte organische Substanz zurück.

Bei den auf die Spurenelementverteilung näher untersuchten Feuersteinen aus der Kiesgrube Langhagen war der randliche Teil fast schwarz und der innere Teil hellgrau gefärbt. Von einigen Flintproben ist im Kern eine kleine, mit Quarzkristallen überkrustete Druse bekannt.

Die Größe der kohärent streuenden Gitterbereiche von Flint wurden mit FLÖRKE (1961 und 1962) mit 50···80 nm, von BETTERMANN (1973) mit 5···100 nm und von den Autoren mit 30···40 nm bestimmt. Die Streubreite dieser Werte ist groß, in ihr liegen auch alle Kristallitgrößen der phanerokristallinen Quarze.

MURATA & NORMAN (1976) schlugen einen Kristallinitätsindex für feinkörnige Quarzgesteine vor (Bergkristall = 10). Die zehn Chert- und Novaculitproben weisen Kristallinitätsindizes von $< 1{,}0$ bis 9,8 auf.

DTA-Untersuchungen liegen von FLÖRKE (1961), BUURMAN & VAN DER PLAS (1971), SMYKATZ-KLOSS (1972) und von den Vff. vor. Der DTA-Effekt in der Nähe der Tiefquarz-Hochquarz-Inversion, dessen Maximum zwischen 550 °C (FLÖRKE) und 573,3 °C (SMYKATZ-KLOSS) schwanken kann, ist sehr schwach entwickelt. Das flache Maximum und die große Schwankungsbreite der Inversionstemperatur deuten auf einen geringen Ordnungsgrad im Quarzgitter hin.

SCHULLE (1965) untersuchte den Entwässerungsverlauf von zwei Flintproben; bis etwa 900 °C entwässert der Flint kontinuierlich (s. Abb. 1).

Nach Ultrarotuntersuchungen von FLÖRKE (1962) handelt es sich bei diesem Wasser um OH-Ionen und nicht um H_2O-Moleküle.

BETTERMANN (1973) erarbeitete für den Flint folgende Beziehungen: Die unterschiedliche Dichte korreliert nicht mit der Porosität oder Unterschieden im Chemismus, sondern mit der Kristallitgröße: „Die Kristallitgröße nimmt mit steigender Dichte zu." Er publizierte das hier wiedergegebene (vereinfachte) Diagramm, die negative Korrelation zwischen der Dichte und der spezifischen Oberfläche von Flint (s. Abb. 2).

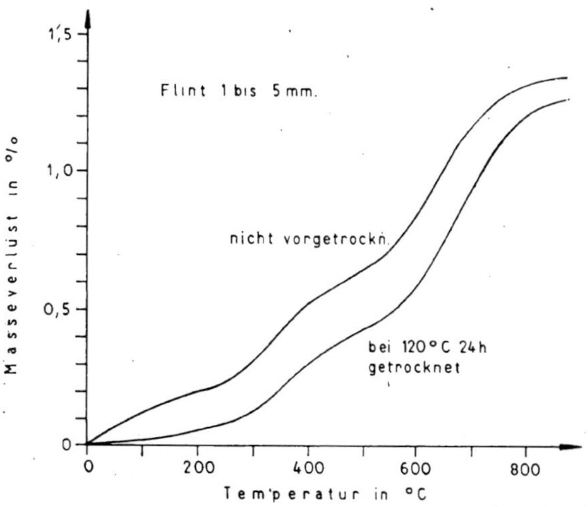

Abb. 1. Der Masseverlust von Flint in Abhängigkeit von der Glühtemperatur (SCHULLE 1965)

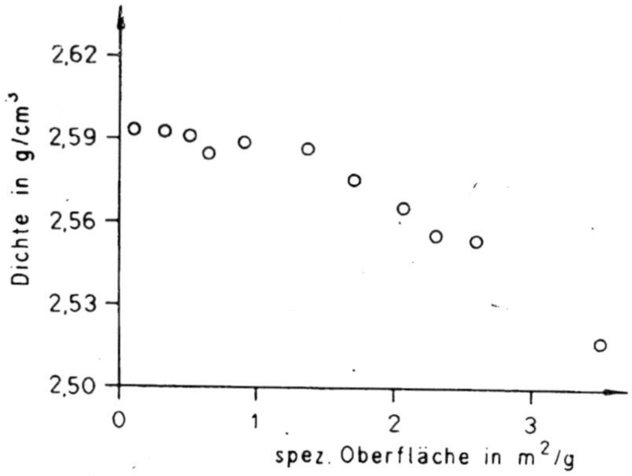

Abb. 2. Die Korrelation zwischen Dichte und spezifischer Oberfläche beim Flint (vereinfacht, nach BETTERMANN 1973)

Versucht man, alle vorliegenden substantiellen Ergebnisse in einem generalisierten Schema zu erfassen, ergeben sich die in Abb. 3 dargestellten Beziehungen zwischen der Quarz-Kristallitgröße und den Eigenschaften von Flint.

3. Einige Bemerkungen zur Bildung von Flint

Gegenwärtig werden sowohl zur Kieselsäuresedimentation als auch zur Flintkonkretionsbildung mehrere Hypothesen vertreten; Gegenüberstellungen dieser Hypothesen sind in den Publikationen von MÜLLER (1951), GRIPP (1954) sowie BETTERMANN & LEIN (1976) enthalten.

Nach den zusammenfassenden Ausführungen von v. ENGELHARDT (1973) zur Bildung der SiO_2-Konkretionen in Karbonatsedimenten hat sich die Hypothese der frühdiagenetischen Bildung von ZITTEL (1876) weitgehend durchgesetzt, wobei sich v. ENGELHADRT mehrfach auf die Arbeiten von MÜLLER (1951 und 1956) bezog.

Auf die Probleme, die diese Hypothese beinhaltet, geht er wie folgt ein: „An den Zentren der Konkretionsbildung müssen Bedingungen herrschen, die die Auflösung von Kalk und die Abscheidung von SiO_2 hervorrufen, während im übrigen Sediment SiO_2 aufgelöst und Kalk abgeschieden wird ... Falls die vielfach beobachtete Bindung der Hornsteinkonkretionen an organische Reste eine ursächliche Beziehung abbildet, könnte man annehmen, daß die Zersetzung der organischen Substanz in den hornsteinführenden Kalken unter Bildung von CO_2 vor sich ging, durch dessen Einfluß SiO_2 abgeschieden und Kalk

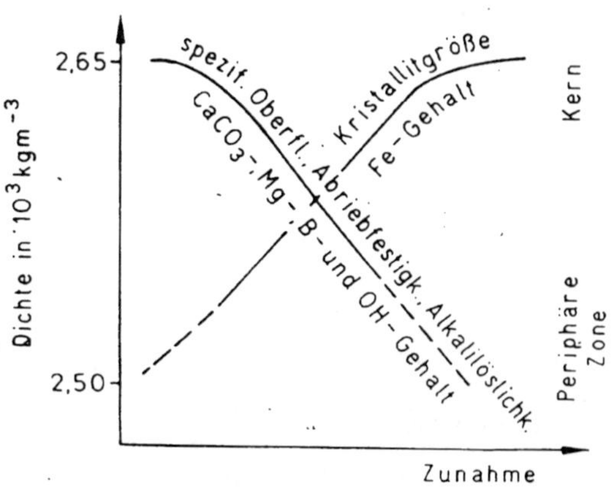

Abb. 3. Schematische Beziehungen zwischen strukturellen und chemischen Daten sowie einige Eigenschaften beim Flint (unter Verwendung eigener und Literaturdaten)

gelöst wurde. Falls diese Deutung richtig ist, müßte die Zersetzung der organischen Substanz in diesen Kalken in anderer Weise vonstatten gegangen sein, als in tonigen Sedimenten, in welchen Kalkkonkretionen entstehen, deren Bildung ebenfalls auf die Zersetzung organischer Substanz zurückgeführt wird ... Wie im Falle der Kalkkonkretionen in Tonen dürfte es fraglich sein, ob die Abscheidung der Hornsteinkonkretionen allein auf die ausfällende Wirkung des Zerfalls organischer Substanz zurückgeführt werden kann. Die in einer Konkretionslage ursprünglich enthaltene organische Substanz wird kaum soviel CO_2 geliefert haben, um das SiO_2 aller Konkretionen auszufällen. Auch hier müssen noch andere Mechanismen angenommen werden, die es bewirkt haben, daß sich das primär feinverteilte SiO_2 in Konkretionen und Lagen angereichert hat".

Zur Beurteilung der geochemischen Situation im Kreidemeer sollen die Ergebnisse über Untersuchungen zur Ausfällung von SiO_2 in Anwesenheit von CO_2 zusammengefaßt werden.

GRAHAM (1864), REIS (1916 und 1918), BECKER (1924), HARDER (1965) sowie HARDER & FLEHMIG (1967 und 1970) stellten fest, daß neben den Kieselorganismen für die SiO_2-Ausfällung und damit Konzentrierung aus dem untersättigten wäßrigen Milieu CO_2, HCO_3, Al-, Fe-, Mn- und Mg-Hydroxide, KCl und NaCl sowie die große Oberfläche der Mikroorganismen gedient haben können. Bei der Flintbildung im Kreidemeer konnten fast alle diese Agenzien wirksam werden.

Die Sulfidkonkretionen im gleichen Niveau wie die Feuersteinbänder und die engen Verwachsungen mit ihnen zeigen aber, daß daneben noch H_2S eine Rolle spielte. Das Vorhandensein von Pyrit weist auf ein schwach alkalisches Milieu im Meerwasser hin (KIRSCH 1957).

Wichtig für die genetischen Betrachtungen sind weiterhin die Beobachtungen über die Fossilieneinschlüsse im Flint. So schrieb VOIGT 1929: „Oft ist die Erhaltung größerer Fossilien allein durch ihre Konservierung im Feuerstein gewährleistet, da sie sonst durch den Hangenddruck zertrümmert sind ... Man kommt zu der Vorstellung, daß das (SiO_2)-Material zeitweise geradezu geschüttet worden sein muß; denn es gelang mir zweimal, aufrecht stehende Belemniten senkrecht zu den Feuersteinbändern in situ festzustellen."

Auch WETZEL (1933 und 1957) äußerte sich ähnlich, denn 1957 schrieb er: „Winzige, ovale bis längliche Hüllen mit geißelartig gefundenem Faden, der manchmal die Körperlänge von ca. 30 µm weit übertrifft, zeugen wiederum in hohem Maße von den günstigen Erhaltungsbedingungen für abgestorbene organische Gebilde im Kieselgel des werdenden Flintsteins. Heutzutage pflegen nämlich solche zarten Zellanhänge, wie die Geißeln, beim Tode ihres Trägers sehr vergänglich und sehr schwer präparierbar zu sein. Man muß also bis auf weiteres annehmen, daß sich die kieselige Gelmasse des Feuersteins als schützende Hülle für die abgestorbenen Organismen vor ihrer völligen Verwesung verhältnismäßig früh und rasch im noch einigermaßen frischen Meeresboden ausgeschieden hat".

Auf die Lagerung der Flintbänke parallel zur Sedimentschichtung hat schon 1876 ZITTEL aufmerksam gemacht. Auch ILLIES (1954) schrieb: „Die Feuersteinlagen folgen in allen Fällen der Schichtung ... Die im Zeitpunkt der Feuersteinbildung wirksam gewesene Auflast kann nur gering veranschlagt werden".

Die Hypothese der frühdiagenetischen Bildung gibt auf diese Beobachtungen und Untersuchungsergebnisse keine umfassende Antwort (s. v. ENGELHARDT 1973). Deshalb hat schon 1917 TARR die Vermutung geäußert, daß die Feuersteine synsedimentär gebildet sein könnten.

RUTTEN (1957) schloß sich dieser Hypothese an und sprach von einer rhythmischen Veränderung des Chemismus im Meer. Danach wird die Kalksedimentation für einen gewissen Zeitraum unterbrochen und ein erhöhtes SiO_2-Angebot führt zur Flintbildung.

In diesem Zusammenhang stehen auch die Ausführungen von GRIPP (1954); er schrieb: „In den Randgebieten des Pariser Beckens ist das Cenoman so reich an Flint wie andererorts nur das Senon ... In Dänemark und Norddeutschland und vor allem im Pariser Becken ist vielfach belegt, daß je höher und je näher eine alte Landoberfläche ist, um so stärker ist die Ausbildung von Flint". GRIPP vertritt die Hypothese der Bildung von Flint durch Verwitterungslösungen, welche deszendent von der alttertiären Landoberfläche in die Kreidekalkschichten einflossen.

Legt man eine synsedimentäre Bildung der Feuersteinbänder in der Kreide zugrunde, wie es auch von STEINICH & NESTLER (1967) „gefordert" wird, dann würden zahlreiche Beobachtungen und Untersuchungsergebnisse gut deutbar; es bleiben dann die Fragen: Woher stammen die Ca-, SiO_2-, Fe- und HCO_3-haltigen Lösungen, und wodurch ist die Rhythmizität der Sedimentation Flint/Pyrit und Kreideklak bedingt? Hängt die Elementzufuhr in das Kreidemeer mit der großregionalen kretazischen Verwitterung und Tonmineralbildung auf dem Festland zusammen und welche Rolle spielen vulkanogene Vorgänge (s. dazu auch STÖRR 1967).

DIENER (1968) schrieb, daß das Untermaastricht im Beckeninneren als Schreibkreide und am Beckenrand in Westmecklenburg als „grünsandige Tonmergelfazies" und in Ostmecklenburg als „glaukonitischer und schluffiger Kalkmergel" ausgebildet ist.

STARKE (1970) konnte für die Oberkreide weiterhin zeigen, daß der Tonmineralbestand im fluviatil-limnischen, marinküstennahen und marin-küstenfernen Faziesbereich deutliche Unterschiede aufweist.

Es sei deshalb gestattet, die Vermutung zu äußern, daß der sedimentäre Flint im Beckeninneren ein fazielles Äquivalent für die Dreischichttonminerale der küstennahen Sedimente darstellt (s. Abb. 4). Durch das komplexe Wirken äußerer Migrationsfaktoren (wie kosmische Energie, biologische Faktoren) und systemeigener Migrationsfaktoren (wie Konzentration, Löslichkeit und Redoxpotential) wird aus den rhythmisch zugeführten wäßrigen

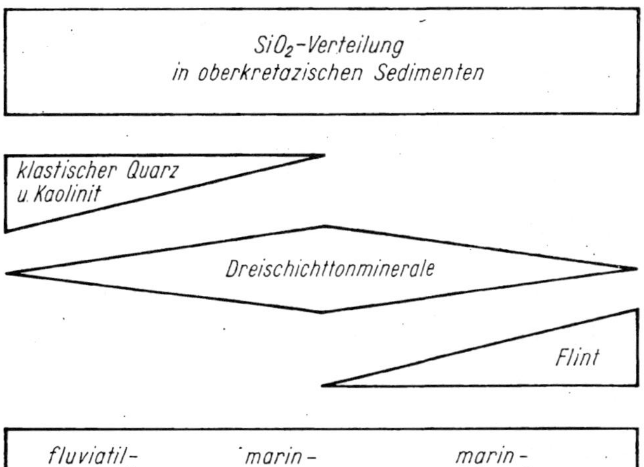

Abb. 4. Die mineralische Fixierung des SiO_2 in Oberkreidesedimenten

Lösungen scheinbar jeweils das SiO_2 kolloidal und das Eisen als Pyrit ausgefällt und das $CaCO_3$ biogen sedimentiert.

Nach oder auch schon während der Sedimentation bzw. Konkretionsbildung des SiO_2 erfolgt wahrscheinlich die Kristallisation des Gels.

Auf dem Gebiet der Kristallisation von amorphem SiO_2 ist in den letzten Jahren wiederholt gearbeitet worden. HARDER & FLEHMIG (1967) konnten zeigen, daß amorphe Al-, Fe-, Mn- und Mg-Hydroxid-Kieselsäureniederschläge durch Alterung in wäßriger Lösung kristallisieren.

Umfangreiche Untersuchungen im Temperaturbereich zwischen 100 und 250 °C durch HEYDEMANN (1964) ergaben, daß sich amorphes SiO_2 in alkalischer Lösung nicht direkt, sondern über zwei Zwischenphasen (dem sogenannten SiO_2-X und Cristobalit) in Quarz umwandelt. Versuche mit $CaCO_3$ zeigten, daß „selbst bei höherer Temperatur (200 °C) und längeren Reaktionszeiten (21 Tage) röntgenographisch keinerlei Veränderungen des amorphen Zustands des SiO_2 festgestellt werden konnten".

Auch bei 1150 °C und 3 Stunden Reaktionszeit erzielten SCHULMAN, CLAFFY & GINTHER (1949), ausgehend von einer Mischung von 1 Teil $CaCO_3$ und 100 Teilen amorphes SiO_2, keine Kristallisation. Reines SiO_2-Gel kristallisierte unter diesen Bedingungen zu Cristobalit.

Im Rahmen der Untersuchungen von BAILEY (1949) konnte gezeigt werden, daß bei Kristallisationsversuchen mit amorphem SiO_2 und $CaCO_3$ synthetische Gele und glasiges SiO_2 besser umwandeln als Diatomeenerde.

Unter Berücksichtigung der Ergebnisse dieser Laboratoriumsuntersuchungen kann die negative Korrelation zwischen Rand und Kern der Flintknollen in bezug auf den $CaCO_3$-Gehalt und den Kristallinitätsgrad (s. Abb. 3) eventuell so interpretiert werden, daß der Kristallisationsvorgang im gesamten Gel relativ gleichzeitig ablief. Durch den hohen $CaCO_3$-Gehalt in den peripheren Bereichen ist der amorphe SiO_2-Anteil auch hier am höchsten.

Die vermutete gleichzeitige, langsame Kristallisation des gesamten SiO_2-Gels im wäßrigen Milieu ist mit Wasseraustritt verbunden. Da aber die Konkretion im peripheren Bereich nicht aushärtet, kann die Schrumpfung ohne größere Riß- und Hohlraumbildung, aber eventuell mit Deformationserscheinungen an eingeschlossenen Fossilien (MÜLLER 1961) ablaufen.

Die selten zu beobachtenden kleinen Quarzdrusen im Kern einiger Flinte deuten aber darauf hin, daß die Kristallisation des SiO_2-Gels eine geringe zeitliche Differenz von außen nach innen aufweist. Dabei kann ein Schrumpfungshohlraum entstehen, in dem sich die geringe Menge ionarer Kieselsäurelösung, die möglicherweise während der Kristallisation abgesondert wurde, sammelt und kristallisiert.

Zusammenfassung

Die im Beitrag dargestellten mineralogisch-geochemischen Untersuchungsergebnisse ermöglichen eine erneute Diskussion der Flintgenese, wobei besonders die 1917 von TARR vertretene Ansicht der synsedimentären, vorwiegend anorganischen Bildung einer Analyse unterzogen wird.

Резюме

Предложенные в статье результаты минералого-геохимических исследований позволяют возобновить обсуждение генезиса кремня, при этом в первую очередь анализируется, высказанная в 1917 году точка зрения ТАРРа о конседиментационном, преимущественно неорганическом образовании.

Summary

The mineralogical-geochemical results of investigation described in the article make it possible to discuss again the genesis of flint, with an analysis in particular of the view taken by TARR in 1917 on its synsedimentary, mainly inorganic, formation.

Abschließend möchten wir uns bei den Kollegen Dr. SCHRÖN, Dipl.-Min. BERGER und Dipl.-Geol. HAHNE für die gewährte Unterstützung recht herzlich bedanken.

Literatur

BAILEY, D. A.: A note on the conversion of amorphous silica to quartz. — Amer. Mineral., Washington **34** (1949) S. 601—605.

BECKER, W.: Beiträge zur Kenntnis der Entstehung des Feuersteins in der weißen Schreibkreide. — Jena: Universität, Diss., 1924.

BETTERMANN, P.: Untersuchungen zur Mineralzusammensetzung und Kristallinität potentiell alkalireaktiver Feuersteine aus Schleswig-Holstein. — Neues Jb. Mineral. Abh., Stuttgart **120** (1973) S. 51—68.

BETTERMANN, P.; LEIN, R.: Geochemische Untersuchungen zur Feuersteinbildung im Santon/Campan der Lägerdorfer Schreibkreide (SW Holstein). — Neues Jb. Mineral. Abh., Stuttgart **127** (1976) S. 156—173.

BROOKS, J.; SHAW, G.: Geochemistry of Sporopollenin. — Chem. Geol., Amsterdam **10** (1972) S. 69—87.

BUCHHOLZ, F.: Persönliche Mitteilung. 1978.

BUURMAN, P.; VAN DER PLAS, L.: The genesis of Belgian and Dutch Flints and Cherts. — Geologie en Mijnbouw, Den Haag **50** (1971) S. 9—27.

CHILINGAR, G. V.: Distribution and abundance of chert an flint as related to the Ca/Mg ratio of limestones. — Geol. Soc. Amer. Bull., Boulder **67** (1956) S. 1559—1562.

DIENER, J.: Kreide. In: Grundriß der Geologie der DDR. 1. — Berlin: Akad.-Verlag 1968, S. 320—342.

ENGELHARDT, W. v.: Die Bildung von Sedimenten und Sedimentgesteinen. — Stuttgart: Schweizerb. Verlagsbuchhandlung 1976.

FLÖRKE, O. W.: Untersuchungen an feinkristallinem Quarz. — Schweiz. miner. u. petrogr. Mitt. Zürich **41** (1961) S. 311—324.

FLÖRKE, O. W.: Untersuchungen an amorphem und mikrokristallinem SiO_2. — Chemie Erde, Jena **22** (1962) S. 91—110.

GADE, M. M.; KIRSCH, H.; POLLMANN, S.: Zur Kenntnis gealterter natürlicher Kieselgele. — Neues Jb. Mineral. Abh., Stuttgart **100** (1963) S. 43—58.

GRAHAM, TH.: Über die Eigenschaften der Kieselsäure und anderer analoger Colloidsubstanzen. — Ann. Phys. u. Chem., Leipzig **123** (1864) S. 529—541.

GRIPP, K.: Kritik und Beitrag zur Frage der Entstehung der Kreide-Feuersteine. — Geol. Rdsch., Stuttgart **42** (1954) S. 248—262.

HARDER, H.: Experimente zur „Ausfällung" der Kieselsäure. — Geochim. et cosmochim. Acta, London **29** (1965) S. 429—444.

HARDER, H.; FLEHMIG, W.: Bildung von Quarz aus verdünnten Lösungen bei niedrigen Temperaturen. — Naturwissensch., Berlin **54** (1967) S. 140.

— Quarzsynthese bei tiefen Temperaturen. — Geochim. et cosmochim. Acta, London **34** (1970) S. 295—305.

HEYDEMANN, E.: Untersuchungen über die Bildungsbedingungen von Quarz im Temperaturbereich zwischen 100 und 250 °C. — Beitr. Mineral. u. Petrogr., Berlin **10** (1964) S. 242—259.

ILLIES, H.: Zur Entstehung der Kreide-Feuersteine. — Geol. Rdsch., Stuttgart **42** (1954) S. 252—264.

KISCH, H.: Die Schreibkreide der Insel Rügen. — Aufschluß, Göttingen **8** (1957) S. 29—36.

KURODA, P. K.; SANDELL, E. B.: Geochemistry of molybdenum. — Geochim. et cosmochim. Acta, London **6** (1954) S. 35—63.

MÜLLER, A. H.: Diagenetische Untersuchungen in der obersenonen Schreibkreide von Rügen. — Abhandlungen geol. Dienst., N. F., Berlin (1951) 228.

— Die Knollenfeuersteine der Schreibkreide, eine frühdiagenetische Bildung. — Ber. geol. Gesellsch. Berlin **1** (1956) S. 136—146.

MURATA, K. J.; NORMAN, M. B.: An index of crystallinity for quartz. — Amer. J. Sci., New Haven **276** (1976) S. 1120—1130.

ONISHI, H.; SANDELL, E. B.: Geochemistry of arsenic. — Geochim. et cosmochim. Acta, London **7** (1955) S. 1—33.

REIS, O. M.: Einzelheiten über Bau und Entstehung von Enhydros, Kalzitachat und Achat. — Geognost. Jahreshefte, München **29/30** (1916/17) S. 81—298 und **31/32** (1918/19) S. 1—92.

RUTTEN, M. G.: Remarks on the genesis of flints. — Amer. J. Sci., New Haven **255** (1957) S. 432—439.

SCHRÖN, W.: Ein Beitrag zur Geochemie des Germanismus. — Chemie der Erde, Jena **27** (1968) S. 193—251.

SCHULLE, W.: Verbesserte Silikatsteine auf der Basis von Flint. — Neue Hütte, Leipzig **10** (1965) S. 280—287.

SCHULMAN, J. H.; CLAFFY, E. W.; GINTHER, R. J.: Some observations on the crystallization of silicic acid. — Amer. Mineral., Washington **34** (1949) S. 68—73.

SMYKATZ-KLOSS, W.: Das Hoch-Tief-Umwandlungsverhalten mikrokristalliner Quarze. — Contr. Mineral. & Petrol., Berlin **36** (1972) S. 1—18.

STARKE, E.: Verteilung und Faziesabhängigkeit der Tonminerale in den geologischen Systemen. — Freiberger Forsch.-H., Leipzig C 254 (1970).

STEINICH, G.; NESTLER, H.: Unter-Maastricht der Insel Rügen. — Ber. dt. Gesellsch. geol. Wiss., A. Geol. u. Paläont., Berlin **12** (1967) S. 577—585.

STÄRR, M.: Die nichtkarbonatischen mineralischen Bestandteile der weißen Schreibkreide von Jasmund auf Rügen. — Ber. dt. Gesellsch. geol. Wiss., A. Geol. Paläont., Berlin **12** (1967) S. 549—554.

TARR, W. A.: Origin of chert in the Burlington limestone. — Amer. J. Sci., Ser. 4, New Haven **44** (1917) S. 409—452.

TÖPPLER, B.: Brennverhalten von Flintsteinen der Insel Rügen. — Freiberg: Bergakademie. Fakultät Bergbau u. Hüttenwesen (Sh). 1962.

VIŠNAKOV, S. G.: Kieselige Bildungen in karbonatischen Gesteinen des Unteren und Mittleren Karbons des Nordwestflügels des Podomoskovsker Beckens. — Izvest. (AN) SSSR, Ser. Geol., Moskva (1953) 4, S. 80—90.

VOIGT, E.: Das Alter der Reitbrooker Schichten (Oberkreide, Maastr. Stufe) und ihr Leitfossil Pteria (Oxytoma) danica Ravn. — Geol. Jb. Hannover 68 (1954) S. 617—652.

WALENCZAK, Z.: Germanium content in Silica Minerals as geochemical indicator. — Bull. Acad. Pol. Sci., Ser. Sci. Geol. et Geogr., Warszawa 13 (1965) 2, S. 91—99.

WETZEL, O.: Die in organischer Substanz erhaltenen Mikrofossilien des baltischen Kreide-Feuersteins. — Palaeontographica, Stuttgart 47 (1933) S. 146—188 und 48 (1934) S. 1—104.

— Neues und weniger Bekanntes über den Feuerstein. — Aufschluß, Göttingen 8 (1957) S. 106—109.

ZITTEL, K. A.: Die Kreide. In: Sammlung gemeinverständlicher wissenschaftlicher Vorträge (Herausgeb. VIRCHOW & HOLTZENDORF) 11. Serie. Berlin: Habel-Verl. 1876, S. 423—460.

Die Belegungsdichte von Eisen–Mangan-Konkretionen als Funktion skalarer Einflußgrößen

TAMMS, H.-J., Stralsund

1. Definition von Belegungsdichte und Belegungsgrad

Die Eisen—Mangan-Konkretionen auf dem Boden der Tiefseebecken (auch als Manganknollen bezeichnet) bestimmen in einem großen Umfang die Literatur der Meeresgeologie. Bei der Einschätzung der wirtschaftlichen Nutzung tritt in diesem Zusammenhang als einer der wesentlichsten Faktoren immer wieder die „Belegungsdichte" auf. Bei der Auswertung von Unterwasserfotos (bzw. Unterwasser-Fernsehbeobachtungen) wird sie in % angegeben (Anteil der mit Konkretionen belegten Fläche an der Gesamtfläche), bei der Konkretionsbergung mit Probenahmegeräten (z. B. Greifern) jedoch in kg m^{-2} (Erzmenge pro Greiferfläche). In wenigen Fällen werden von einem Gebiet Belegungsdichten sowohl in % als auch in kg m^{-2} gegenübergestellt, so daß eine Zuordnung möglich wird; Angaben zur Größe und Gestalt der Bildungen fehlen fast völlig. Aus einfachsten Überlegungen ergibt sich jedoch bereits, daß eine Belegungsdichte von z. B. 40% sehr wenig über die Erzmenge aussagt, da große Konkretionen mehr Masse pro Flächeneinheit beinhalten als kleine, kugelige mehr als plattige.
Ziel dieser Arbeit ist es, den Begriff der Belegungsdichte exakter zu fassen und eine allgemeine Beziehung zwischen den sie bestimmenden Parametern anzugeben.
Der Begriff Belegungsdichte repräsentiert die Masse pro Fläche (Angabe in kg m^{-2}) und kennzeichnet den eigentlichen Lagerstättenparameter, während der Anteil der bedeckten Fläche an der Gesamtfläche die Bezeichnung Belegungsgrad (Angabe in %) erhält.
Neben dieser Begriffstrennung wird der Zusammenhang zwischen beiden Größen nachfolgend untersucht.

2. Berechnung der Belegungsdichte

Die Belegungsdichte läßt sich allgemein als Funktion der sie bestimmenden Parameter schreiben:

$$BD = BD(BG, \varrho, KG, KF) \qquad (1)$$

BD — Belegungsdichte,
BG — Belegungsgrad,
ϱ — Raumdichte (Trockendichte),
KG — Konkretionsgröße,
KF — Konkretionsform.

Als Zwischengröße wird die Massenbelegung (Masse pro Auflagefläche der Konkretion) wie folgt definiert:

$$MB = \frac{V}{F} \cdot \varrho \qquad (2)$$

wobei die einzelnen Teile folgende Bedeutung haben:
MB — Massenbelegung,
V — Konkretionsvolumen,
F — Konkretionsauflagefläche.

Somit läßt sich (1) zu

$$BD = \frac{BG \cdot MB}{100} \qquad (3)$$

vereinfachen (bei entsprechend gleicher Dimension).
Für die Ermittlung eines allgemeinen expliziten Ausdrucks für die Massenbelegung als Funktion der Konkretionsgröße und Konkretionsform sind einige Annahmen zu treffen. Die Konkretionsform wird durch ein Ellipsoid angenähert, das durch die Ausmaße

L — größte Länge der Konkretion,
l — mittlere Länge der Konkretion,
E — kleinste Länge der Konkretion

mit $L \geqq l \geqq E$

bestimmt ist, die über den Abplattungsindex A_i (nach CAILLEUX 1947) gekoppelt sind, der Aussagen über die Konkretionsform liefert:

$$A_i = \frac{L + l}{2E} \qquad (4)$$

Die Größe A_i hat für die Kugel als Spezialfall des Ellipsoids ($L = l = E$) den Wert 1, für alle anderen Formen ist $A_i > 1$ (Gebräuchlich ist auch, den Wert mit 100 zu multiplizieren).
Für die Lage der ellipsoiden Konkretionen auf dem Meeresboden wird Stabilität vorausgesetzt, d. h. die Auflagefläche ist durch L und l bestimmt. Somit ergibt sich

$$MB = \frac{2}{3} E \cdot \varrho \qquad (5)$$

Die Größe E (kleinste Länge) wird im folgenden als allgemeine Beziehung zwischen den Parametern l (mittlere Länge = Siebdurchgang) und A_i abgeleitet. Als störend erweist sich dabei die Mehrdeutigkeit des Abplattungsindexes, der für stengelige und plattige Formen — die bezüglich MB sehr verschieden sind — gleiche Werte

Eingang des Manuskripts in der Redaktion: 10. 4. 1979.

ergeben kann. Auch die absolute Konkretionsgröße äußert sich bei konstantem $L-l-E$-Verhältnis nicht im A_i-Wert.
Zur Vereinfachung seien angenommen:

$$\text{stengelig} \quad - L_S > l_S = E_S \tag{6}$$

$$\text{plattig} \quad - L_P = l_P > E_P \tag{7}$$

Somit folgt:

$$E_S = l_S \tag{8}$$

$$E_P = \frac{1}{A_i} \cdot l_P \tag{9}$$

Für eine allgemeine Beziehung werden diese beiden Extrema (plattig und stengelig) gemittelt, so daß sich

$$E = \frac{1 + A_i}{2A_i} \cdot l \tag{10}$$

ergibt.
Mit Hilfe der Gleichungen (5) und (10) ergibt sich (3) als

$$BD = \frac{2}{3} k \cdot \varrho \cdot l \cdot BG \tag{11}$$

Bei Benutzung der für die einzelnen Größen üblichen Dimensionen gilt:

$$BD[\text{kg m}^{-2}] = 0{,}067 \cdot k \cdot \varrho[\text{g cm}^{-3}] \cdot l[\text{cm}] \cdot BG[\%] \tag{11a}$$

mit

$$k = \frac{1 + A_i}{2A_i} \leqq 1 \quad (k = 1 \text{ für Kugel})$$

Der Faktor k erscheint damit als Reduktionsfaktor für die Raumdichte ϱ, denn

$$\varrho' = k \cdot \varrho \tag{12}$$

läßt sich als scheinbare oder kugeläquivalente Dichte deuten, d. h., ein Ellipsoid mit der mittleren Länge l, dem Abplattungsindex A_i und der Raumdichte ϱ entspricht hinsichtlich der Massenbelegung einer Kugel mit dem Durchmesser l und der Dichte ϱ'.
Abb. 1 zeigt die Dichtereduktion bei Abweichung von der Kugelgestalt für die Formen Stengel, Platte und allgemeines Ellipsoid entsprechend den Gleichungen (8) bis (10). Daraus ist ersichtlich, daß bei einem $A_i = 2{,}5$

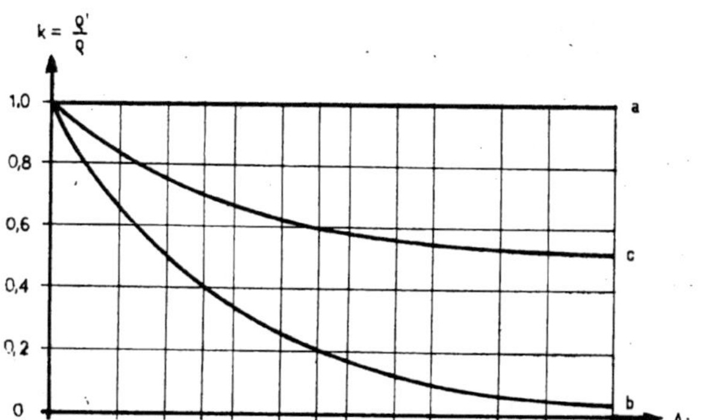

Abb. 1. Dichtereduktion in Abhängigkeit vom Abplattungsindex

a — $k = 1$ für Kugel und Stengel; b — $k = \frac{1}{A_i}$ für Platte; c — $k = \frac{1 + A_i}{2A_i}$ für allgemeines Ellipsoid

die scheinbare Dichte nur noch 70% der Konkretionsdichte beträgt.
Abb. 2 veranschaulicht den in Gleichung (11) dargestellten Zusammenhang und gestattet bei Kenntnis (bzw. Abschätzung) der Parameter

ϱ — Raumdichte,
A_i — Abplattungsindex und
l — mittlere Konkretionslänge (Siebdurchgang)

die Berechnung der Erzführung anhand des aus Fotos bzw. durch Fernsehbeobachtungen ermittelten Belegungsgrades.

3. Vergleich mit Literaturangaben

Wie bereits erwähnt, gibt es in der Literatur nur wenige Angaben, die die Größen BD und BG (bei Angaben über l, ϱ) vergleichen; wenn ja, dann nur empirisch.
Die angegebenen Werte für BD sind dabei in der Regel aus Greiferproben ermittelt und daher insbesondere für einen Belegungsgrad $> 40\%$ sehr unzuverlässig und starken Schwankungen unterworfen.
Zwei Beispiele werden betrachtet:
SKORNJAKOVA & ZENKEVIČ (1976) geben empirisch ermittelte Werte für BG und BD (Fotos und Greiferprobenahme) an, aus denen sich — bei allerdings sehr breiter Streuung — eine Beziehung von $BD[\text{kg m}^{-2}] = (0{,}25 - 0{,}30)\ BG[\%]$ ermitteln läßt. Bei einem mittleren Konkretionsausmaß von 3 cm und einer angenommenen Dichte von 1,5 g cm^{-3} ergeben sich Werte für k von 0,83 bis 0,99, was einem A_i von 1,5 bis 1,02 entspricht. Diese Konkretionen sind demnach weitgehend sphäroidal ausgebildet.
Für die von HESS (1976) beschriebenen Konkretionen ($l = 4$ cm, $\varrho = 1{,}5$ g cm^{-3}, $BD[\text{kg m}^{-2}] = 0{,}19\ BG[\%]$) ergibt sich ein k-Wert von 0,55, was einem $A_i = 3{,}5$ entspricht. Dieser Wert ist auf jeden Fall bedeutend zu groß, denn derart extrem plattige oder stengelige Konkretionen, wie sie einem $A_i = 3{,}5$ entsprechen, sind — als Durchschnittswert — ausgeschlossen. Offensichtlich kann die Beziehung zwischen BD und BG nicht stimmen, oder die angegebenen Parameter entsprechen nicht den für die Beziehung benutzten (für Kugeln mit den angegebenen Werten für die Parameter ergibt sich ein $BD = 0{,}25\ BG$!).
MRAZEK (1979) bestimmte A_i von Konkretionen des Atlantiks und ermittelte, daß weit über 90% im Bereich $A_i \leqq 2{,}5$ liegen, was durchaus auf andere Ozeane übertragen werden kann. Daraus folgt, daß der aus den Angaben von HESS ermittelte Wert bedeutend zu hoch liegt, während die von SKORNJAKOVA & ZENKEVIČ beschriebenen Konkretionen vergleichbare Daten liefern.

4. Schlußbemerkungen

Mit der bei einer modernen Lagerstättensuche auf Eisen-Mangan-Konkretionen einzusetzenden produktiven Technik (Unterwasserphotographie und -fernsehen liefern die Parameter Belegungsgrad und erforderlichenfalls Konkretionsgröße) lassen sich unter Zuhilfenahme des angegebenen Formalismus Belegungsdichten ermitteln, sofern über die Konkretionen des Untersuchungsgebietes — aus repräsentativen Stichprobenuntersuchungen an Probenahmestationen, z. B. durch Dredgen — Angaben über die (Trocken-) Raumdichte, die Konkretionsgestalt (Abplattungsindex) und die Konkretionsgröße (Siebdurchgang) vorliegen. Komplizierte Konkretionsformen — z. B. Poly-

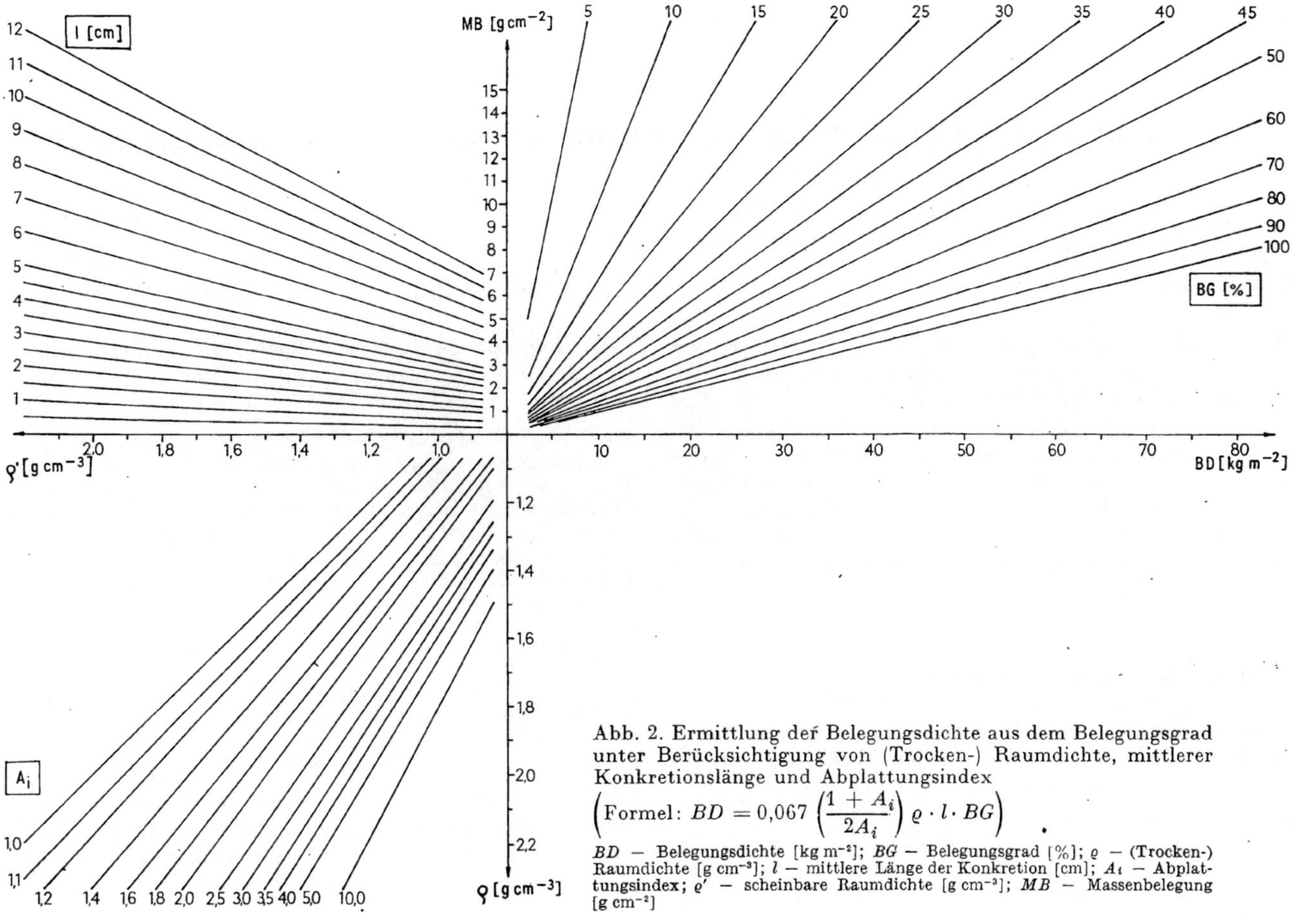

Abb. 2. Ermittlung der Belegungsdichte aus dem Belegungsgrad unter Berücksichtigung von (Trocken-) Raumdichte, mittlerer Konkretionslänge und Abplattungsindex

$$\left(\text{Formel: } BD = 0{,}067\left(\frac{1 + A_i}{2A_i}\right)\varrho \cdot l \cdot BG\right).$$

BD — Belegungsdichte [kg m⁻²]; BG — Belegungsgrad [%]; ϱ — (Trocken-) Raumdichte [g cm⁻³]; l — mittlere Länge der Konkretion [cm]; A_i — Abplattungsindex; ϱ' — scheinbare Raumdichte [g cm⁻³]; MB — Massenbelegung [g cm⁻²]

knollen — können verständlicherweise mit diesem einfachen Verfahren nicht behandelt werden, desgleichen Krustenbildungen.

Im Vergleich zur Bestimmung aus Greiferproben können somit die Belegungsdichte — insbesondere bei höherem Belegungsgrad — exakter ermittelt und vorhandene Erzmengen fundierter abgeschätzt werden.

Zusammenfassung

Der in der Literatur zur Eisen—Mangan-Konkretionsführung verschieden benutzte Begriff der „Belegungsdichte" wird durch Unterscheidung der Belegungsdichte [kg m⁻²] sowie des Belegungsgrades [%] exakt gefaßt. Es wird ein Formalismus angegeben, der eine direkte Umrechnung ermöglicht, wenn Angaben über die Raumdichte, Konkretionsgröße (Siebdurchgang) und Konkretionsform (Abplattungsindex nach CAILLEUX 1947) vorliegen. Insbesondere für dicht belegte Ozeanflächen ergibt diese Methode genauere Angaben über die vorhandenen Erzmengen als sie mit den herkömmlichen Verfahren (Greiferprobenahme) möglich sind.

Резюме

Примененное в литературе о содержании железо-марганцевых конкреций выражение плотности покрытия более точно различается на плотность покрытия [кг м⁻²] и на степень покрытия [%]. Дается формализм, позволяющий непосредственное перечисление, если имеются данные о пространственной плотности, размерах конкреций (ситовый проход) и о формах конкреций (индекс уплотения по Кайё, 1974 г.). Особенно для плотно покрытых плоскостей океана этот метод дает более точные данные о существующих количествах руд, чем это возможно обыкновенными способами (чербаковое взятие проб).

Summary

The term of packing density, differently used in the literature for the content of iron and manganese nodules, is defined exactly by distinguishing between packing density [kg m⁻²] and packing degree [%]. A formalism makes possible a direct conversion if data are available on the density by volume, size of nodule (screen underflow) and shape of nodule (flattening index after CAILLEUX, 1947). By this method more precise informations than by conventional methods (grab sampling) are obtainable on quantities of ores, in particular for densely packed ocean floors.

Literatur

CAILLEUX, A.: L'indice d'émousse: Définition et première application. — Comptes Rend. Somm. Géol. d. France, Paris (1947) S. 251—252.

HESS, G.: Auswertung und Ergebnisse der Manganknollen-Exploration. In: Kongreßber. INTEROCEAN '76, 2. — Düsseldorf: 1976. S. 42—45.

MRAZEK, J.: Größenverteilung und Gestaltungstypisierung atlantischer Eisen-Mangan-Konkretionen. — Z. angew. Geol., Berlin 25 (1979) 7 S. 297—302.

SKORNJAKOVA, N. S.; ZENKEVIČ, N. L.: Gesetzmäßigkeiten der räumlichen Verbreitung von Eisen-Mangan-Konkretionen. In: Eisen-Mangan-Konkretionen des Stillen Ozeans. — Tr. Inst. Okeanol. AN SSSR, Moskva 109 (1976) S. 37—81 (russ.).

Beitrag zur Beurteilung von Felsböschungen im Elbsandsteingebiet

POHLENZ, R., Dresden

Mitteilung des Rates des Bezirks Dresden, Abt. Geologie

1. Einleitung

Fast in jedem Jahr ereignen sich im Elbsandsteingebirge neben zahlreichen kleinen Gesteinsablösungen mehr oder weniger umfangreiche Felsstürze, die Verkehrswege, Gebäude und Personen gefährden. Die Einschätzung des von einer Felsböschung ausgehenden Gefährdungsgrades sowie der bei einem Felssturz zu erwartenden beeinträchtigten Flächen erfolgte bisher vorwiegend nach subjektiven Gesichtspunkten der Begutachter. Nachfolgend werden die langjährigen Erfahrungen bei der Beurteilung von Felsböschungen mitgeteilt.

2. Allgemeine geologische Situation

Kennzeichnend für das Elbsandsteingebiet ist die starke Zergliederung im Bereich der aus den Ebenheiten herausragenden markanten Felskuppen (z. B. Lilienstein, Papststein) und der Talregionen, wodurch eine Vielzahl isolierter Felsgebilde (Türme) entstanden. Im Elbtal und deren Nebentälern gewann man seit Jahrhunderten Sandstein, so daß zusätzlich neue, fast vertikale hohe Felswände geschaffen wurden. Durch die frühere Abbauweise des Unterhöhlens der Wände bildeten sich z. T. weit auskragende Überhänge, die absturzgefährdet sind. Trotz des relativ geringen Anteils an anthropogen geschaffenen Felsböschungen überwogen in den letzten Jahrzehnten Felsstürze in den größtenteils aufgelassenen Steinbrüchen.
Der die Felswände aufbauende cenomane und turone Sandstein wird in mehr oder weniger regelmäßigen Abständen von zwei etwa senkrecht aufeinanderstehenden Kluftsystemen durchzogen. Meist sind die Klüfte lotrecht, nur in der Nähe der Lausitzer Überschiebung treten verbreitet Diagonalklüfte auf. Einzelne weniger feste Zwischenschichten des fast horizontal liegenden Sandsteins verwittern stärker und gliedern die Felswände in unterschiedlich starke Bänke. Die dickbankigen Sandsteinschichten treten wandbildend, die dünnbankigen hangbildend in der Landschaft auf. Die teilweise über große Erstreckungen verfolgbaren Wandeinkerbungen können durch verschiedene Faktoren entstehen:

a) Austreten von Wasser über schwerdurchlässigen Zonen (schluffig bis tonig). Dabei kann das Sandsteingefüge durch Auswaschen des Bindemittels, durch Volumenveränderung des Wassers beim Gefrieren oder durch Salzsprengung infolge Volumenvergrößerung bei Auskristallisation von Salzlösung (chemische Verwitterung) gelockert werden;

b) Fehlendes oder nur in geringeren Mengen auftretendes und leicht auswitterbares Bindemittel (tonig);

c) Ausbrechen von hochbelastetem dünnbankigen Sandstein durch Überschreitung der Druckfestigkeit. Dieser Faktor gewinnt mit zunehmender Tiefe der Wandeinkerbungen an Bedeutung;

d) Tätigkeit des Wassers und Windes.

Eingang des Manuskripts in der Redaktion: 20. 2. 1979.

3. Ursachen und auslösende Faktoren für Felsbewegungen

Ausgeprägte tonige Horizonte bilden tiefe Wandeinkerbungen oder Schichthöhlen und sind die Voraussetzung von vielen Felsstürzen. Zu Felsbewegungen kann es bei Vorliegen folgender Bedingungen kommen:

a) Der Auswitterungshorizont überschreitet die Zone, die lotrecht unter dem Schwerpunkt eines vollständig abgetrennten Felskörpers liegt. Es erfolgt eine Kippung;

b) Die am Überhang auftretenden Spannungen überschreiten die Festigkeit des Sandsteins. Es bildet sich ein meist schaufelförmiger Neubruch und es kommt zur Kippung oder zum Zusammenbruch. Bei gleichbleibender Überhangsbreite treten im dünnbankigen Sandstein wesentlich höhere Zugspannungen auf, so daß gegenüber dem dickbankigen Sandstein eher der Bruch erfolgt;

c) Treten zum Tal einfallende Klüfte ($< 50°$) oder flach einfallende tonige Horizonte auf, so kann ein Abgleiten der Sandsteinpartien stattfinden.

Liegen eine oder mehrere der Bedingungen vor, so genügen nur unbedeutende zusätzliche Spannungen oder Impulse, um die labilen Felsmassen in Bewegung zu setzen. Man kann mehrere Faktoren unterscheiden, die einzeln oder komplex wirken.

Meteorologische Bedingungen

Bei der Auswertung von Felsstürzen an natürlichen Felsböschungen fällt auf, daß der größte Teil im Winterhalbjahr erfolgt. Von 13 Felsstürzen, von denen die genauen Absturztermine bekannt sind, fanden 12 Felsstürze in der Zeit von Oktober bis April statt. Es zeigt sich also eindeutig eine jahreszeitliche Häufung von Felsstürzen in der kühlen und feuchten Jahreszeit. Insbesondere eine Erhöhung des Wassergehalts des Gesteins, der jahreszeitlichen Schwankungen unterliegt, setzt die Festigkeit des Sandsteins wesentlich herab. Wie Untersuchungen an Gesteinsproben im Labor zeigten, kann die Festigkeit bei wassergesättigten Proben bis zu 25 bis 30% niedriger als bei lufttrockenen Gesteinen liegen. Eine Anreicherung des Wassers in nassen Jahreszeiten (bis 1/10 seines Eigengewichts, Granit nur 1/1000) vergrößert deshalb die Abbruchgefahr. Im Winterhalbjahr wird in Frostperioden der Wasseraustritt besonders über tonigen Horizonten häufig gehemmt oder verhindert, so daß durch den Rückstau weitere Sandsteinpartien durchnäßt und damit in ihrer Festigkeit herabgesetzt werden. Dem Felssturz am Papststein am 17. 1. 72 ging beispielsweise eine Periode mit Starkfrösten bis zu $-15\,°C$ ab 13. Januar voraus. An den abgestürzten Blöcken und an der Felswand kam es unmittelbar nach dem Absturz zur Eiszapfenbildung, ein Beweis also für den überdurchschnittlichen Wassergehalt des Sandsteins.
Auch der Felsabbruch am 18. 11. 1971 im Steinbruch Rathmannsdorf (etwa 150 m^3) kann auf die starke Durchnässung des Gesteins zurückgeführt werden. Am Tage des Felsabbruchs wurde die höchste Tagessumme des Nieder-

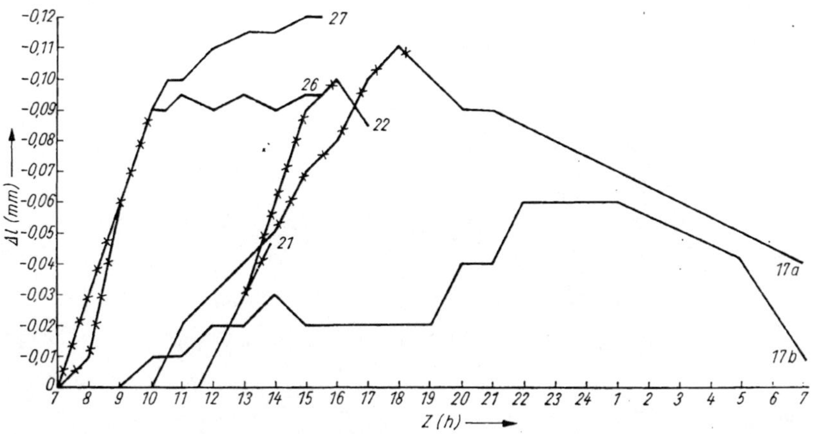

Abb. 1. Vergleich der temperaturbedingten Bewegung verschiedener Meßstellen im Tagesverlauf

Meßstelle	Exposition	örtliche Wärmeausdehnung
26, 27	ESE	0,014 und 0,015
21, 22	WSW	0,012
17a, 17b	WNW	0,03 und 0,04

x = Felswand zusätzlich durch Sonne erwärmt

schlags in diesem Monat (25,9 mm in Dresden-Wahnsdorf) registriert.

Die Erhöhung des Wassergehalts verursacht auch eine Vergrößerung des Gewichts der überhängenden Partien (maximal 1%), und somit werden auch die Spannungen erhöht.

Wegen der guten Durchlässigkeit des Sandsteins wirken sich im Elbsandsteingebirge die ungünstigen Folgen des Eisdrucks relativ wenig aus. In den Klüften kommt es dadurch selten zur Eisbildung. Nur über tonigen Horizonten staut sich mitunter Wasser, und es kann in den darüberliegenden Klüften zur Eisbildung kommen. Wegen der allgemein geringen Klüftigkeit des Sandsteins wirken sich Temperaturveränderungen wesentlich stärker als in anderen Gesteinen aus. Die thermische Längenänderung von Sandstein beträgt etwa 0,012 mm/°K · m, d. h., bei einem Kluftabstand von 5 m und einer Temperaturerniedrigung von 10 °K verkürzt sich der Block um 0,6 mm. Diese temperaturbedingten Felsbewegungen wurden an Meßstellen im Bereich absturzgefährdeter Felspartien nachgewiesen. Mit dem eingesetzten Setzdehnungsmesser „SDM 50/500" konnten jahreszeitliche ebenso wie tageszeitliche Bewegungen ermittelt werden (Abb. 1). Die Ausgangs- und Endwerte stimmen überein, so daß der Sandstein auf die Temperaturunterschiede elastisch reagiert. Wie durchgeführte Druckplattenversuche bestätigen, können bei der durch die Temperaturerhöhung verursachten Verengungen von ausgefüllten Trennflächen erhebliche Spannungen auftreten. Mürbe Gesteinsbrocken werden dadurch zerdrückt, während sich feste Gesteinskörper elastisch verformen und an dem angrenzenden Gestein die gleichen Deformationen hervorrufen. Deshalb können im allgemeinen große in Spalten eingeklemmte Blöcke nicht tiefer herabrutschen.

Die Öffnungsweite der Trennflächen wirkt sich in den einzelnen Jahreszeiten unterschiedlich als auslösender Faktor für Felsstürze aus. Die sommerliche Temperaturschichtung mit steigenden Temperaturen des Gesteins nach außen verursacht eine zunehmende Verengung der Klüfte. Die Niederschläge können schlechter eindringen und im Zusammenhang mit einer hohen Verdunstung besitzen die Sandsteine im allgemeinen einen geringeren Wassergehalt und somit eine höhere Festigkeit als in den anderen Jahreszeiten. Allerdings können sich bei anhaltenden Starkniederschlägen ebenfalls Felsstürze ereignen (Juli 1926 im hinteren Kirnitzschtal). Wegen des jahreszeitlich bedingten starken Temperaturabfalls im Herbst öffnen sich die Klüfte. Fällt oder rutscht Gesteinsmaterial in Klüfte hinein und kann der talseitige Felskomplex ausweichen, so erweitert sich durch Temperaturwechsel die Spalte allmählich; später kommt es zum Felssturz. Der höhere Wassergehalt des Sandsteins und die temperaturbedingte Keilwirkung von Gesteinsmaterial in Klüften lösen besonders in der kühlen Jahreszeit zahlreiche Felsstürze aus.

Einfluß des Wurzeldrucks

Die Wurzeln von Bäumen und Sträuchern benutzen vorhandene Klüfte und Risse und erweitern diese allmählich. Seit mehreren Jahren werden von der Bezirksstelle für Geologie Dresden, ab 1975 vom Rat des Bezirkes Dresden, Abt. Geologie, an mehreren Stellen mit dem Setzdehnungsmesser die durch Wurzeldruck bedingten Erweiterungen festgestellt. Es ergab sich, daß die Größe der Erweiterungen von der Baumart, -größe und der Entfernung der Meßstelle von den druckerzeugenden Wurzeln abhängt. Die Ergebnisse lassen sich deshalb schlecht miteinander vergleichen. Folgende durch Wurzeldruck verursachte bleibende Verformungen wurden gemessen (s. Tabelle).

Wie aus der Aufstellung hervorgeht, nimmt mit zunehmender Größe des Baumes die Erweiterung der Trennflächen pro Jahr zu. Die höheren Werte wurden an den älteren Bäumen gemessen.

Ein eindrucksvolles Beispiel über die erweiternde Wirkung bei Klüften durch Baumwurzeln wurde an den Meßstellen in den Weißen Brüchen beobachtet. Etwa 150 m westlich des Tümpelgrunds befindet sich eine etwa 2500 m³ umfassende Felspartie, die von geöffneten Klüften begrenzt, akut absturzgefährdet erscheint. In diesen Klüften wachsen Bäume, die durch die Meßstellen 24 und 25 kontrolliert werden. Die Meßwerte wurden in Bewegungs-Zeit-Diagramme eingetragen (Abb. 2). Wie aus dem Diagramm für die Meßstelle 24 hervorgeht, nahm die Erweiterung bis zum 22. 1. 74 zu. Die Winterstürme brachen eine Buche ab und die darauf folgenden Messungen stellten eine Verengung der Klüfte (bis 2 mm) fest, die auf die Austrocknung

Tabelle. Durch Wurzeldruck verursachte bleibende Verformungen

Baumart	Stamm-durchmesser (m)	Baumabstand zur Meßstelle (m)	bleibende Verformungen (mm/Jahr)
Kiefer	0,40	1,0	0,18···0,36
Eiche	0,70	0,8	1,15···1,40
Buche	0,60	2,5	1,0
Buche	0,60	3,0	0,8

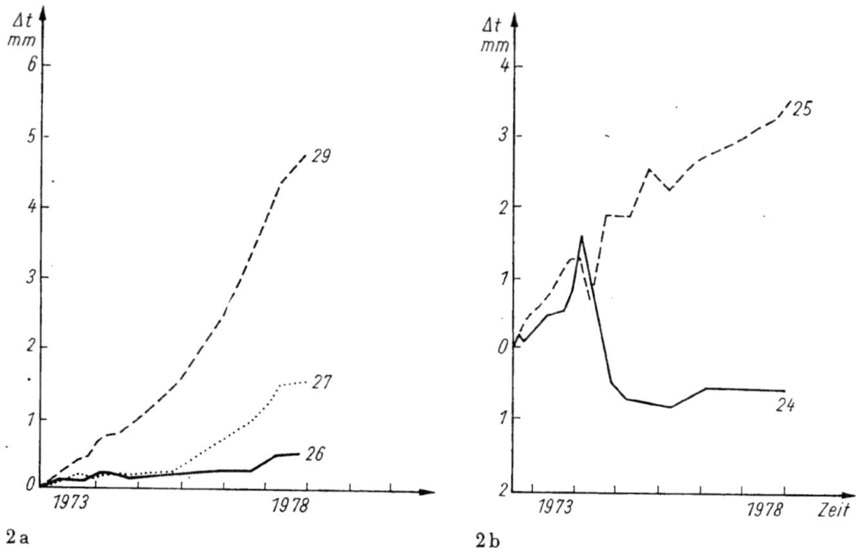

Abb. 2. Bewegungs-Zeit-Diagramme

der Wurzeln zurückzuführen ist. Die letzten Messungen ergaben aber an einer Kluft wiederum eine Erweiterung, die durch die treibende Wirkung einer noch kleinen Birkenwurzel hervorgerufen wird. Durch den Wurzeldruck verschiedener Bäume haben sich die Riesenklüfte im Laufe von Jahrzehnten oder Jahrhunderten bis zu 0,35 m geöffnet, wobei einige mit Lockermaterial (vorwiegend Sand) ausgefüllt sind. Durch andere junge Bäume und/oder die Kluftfüllung wird somit ein elastisches Schließen der Riesenkluft verhindert.

Wie beim Auseinanderspalten eines Baumes durch Keile zu beobachten, kommt es allmählich zu ständig größer werdenden bleibenden Verformungen, die in den Bruchvorgang übergehen. Das Nachrutschen von Sand und Steinen in geöffnete Klüfte verhindert ebenfalls das Schließen der Klüfte nach Absterben eines Baumes. Durch die Schwerpunktverlagerung der Felsmassen und durch das Auf- und Weiterreißen der Klüfte können Felsstürze auftreten. Insbesondere bei Bäumen an der Felsoberkante können bei Sturm durch die Hebelwirkung einzelne kleinere Felskörper aus dem Verband herausgedrückt werden. Beispielsweise stürzten in Schöna nahe der Gelobtbachmühle während des Unwetters am 22. 1. 75 aus diesen Gründen etwa 4 m³ Fels ab. Dabei gelangten zwei Brocken bis in den Bahngraben, während der größte Teil der Abbruchmassen in einer Hohlform liegen blieb oder durch Steinfänge (aus Holz oder Steinmauer) aufgehalten wurde.

Bäume und Sträucher an Felsböschungen können empfindlichen Schaden anrichten, wenn sie in Klüften parallel oder spitzwinklig zur Felswand wachsen und durch ihren Wurzeldruck bleibende Verformungen verursachen. Diese Gefahr ist im allgemeinen wesentlich geringer, wenn die Bäume in senkrecht oder stumpfwinklig zur Außenwand verlaufenden Spalten wachsen. Allerdings kann nicht ausgeschlossen werden, daß in einzelnen Fällen Wurzeln in von außen nicht sichtbaren und etwa parallel zur Felswand verlaufenden Trennflächen eindringen und nachteilige Folgen auslösen.

Erdbeben

Bisher liegen nur wenige und unsichere Angaben darüber vor, daß durch Erdbeben im Elbsandsteingebirge Felsstürze ausgelöst wurden. So soll sich nach FEHRMANN (1919) am Kleinen Bärenstein 1911 ein großer Block gelöst haben. Ebenfalls vermutet BEEGER (1978), daß durch das Erdbeben am 2. 12. 1963 (Epizentrum im Wiener Becken) in den Zeichner Brüchen eine noch lockere Felspartie der im Oktober 1963 vorgenommenen Wandfällung abstürzte. Nach Mitteilung des Zentralinstituts für Physik der Erde, Institutsteil Jena, haben die bisherigen spürbaren Erdbeben nach der Skala MSK, Version 1964, kaum den Höchstwert von 5° erreicht. Über die makroseismischen Auswirkungen der beiden Alpenostrandbeben vom 16. 04. 1972 im Raum Seebenstein in den Südbezirken der DDR liegen auch zahlreiche Zuschriften aus dem Elbsandsteingebirge vor. Dieses zu den bisher stärksten gehörende Beben in diesem Jahrhundert hat nach der Auswertung durch das Zentralinstitut für Physik der Erde, Institutsteil Jena, eine Stärke von 4° erreicht. Das Beben wurde von vielen Bergsteigern bemerkt, deren Wahrnehmungen wie folgt zusammengefaßt werden können.

- Die Erschütterungen wurden nur an solitärstehenden Felsnadeln (z. B. Barbarine, Große Gans, Türkenkopf, Großer Wehlturm) bemerkt, während die am Fuße sitzenden Personen keine Erschütterungen wahrnahmen;
- Die Erschütterungen wurden allgemein als Wackeln der Felsen beschrieben (spürbare Vibrationen bis optisch sichtbare Bewegungen — an der Barbarine bis „10 cm“, Türkenkopf 1 bis 2 cm), die die Bergsteiger teilweise zum vorzeitigen Verlassen der Kletterfelsen veranlaßten;
- In einigen Berichten wurde darauf hingewiesen, daß sich durch die Erschütterungen kein Steinfall oder Abbruch ereignete.

Zusammenfassend kann eingeschätzt werden, daß die im betrachteten Gebiet auftretenden Erdbebenerschütterungen zu gering sind, um stabile Felskörper aus dem Gleichgewicht zu bringen. Es besteht jedoch die Möglichkeit, daß labile Blöcke oder Felspartien abrutschen oder abstürzen.

4. Einflußbereich von Felsbewegungen

Bei der Beurteilung von bestehenden oder geplanten Bauvorhaben muß ebenfalls eingeschätzt werden, ob das Objekt im Einflußbereich von möglichen Felsbewegungen liegt. Die Größe der Flächenbeeinträchtigung hängt von mehreren Faktoren ab.

a) Der größte Einfluß ergibt sich aus der Bewegungsart. Die ungünstigsten Auswirkungen entstehen bei der Kippung der Felswände (Abb. 3.1.1). Infolge der talseitigen Auswitterungen auf den Bankungsfugen wurde diese Rotationsbewegung bei den

3.1. Bewegungsart (Aufschlagfläche horizontal)

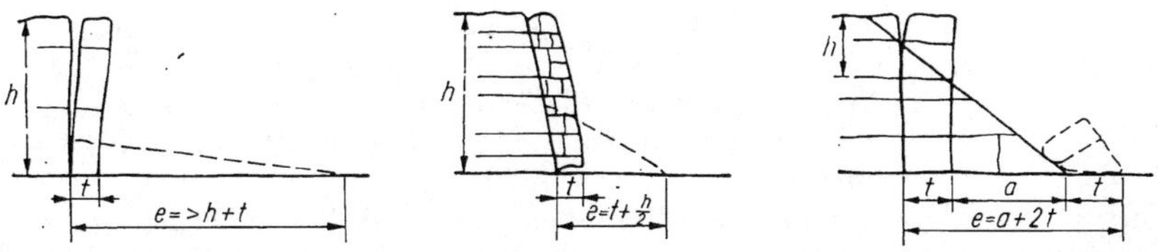

3a

3.1.1. Kippung 3.1.2. Zusammenbruch 3.1.3. Gleitung

3.2. Abmessung (Bewegungsart Kippung und Aufschlagfläche horizontal)

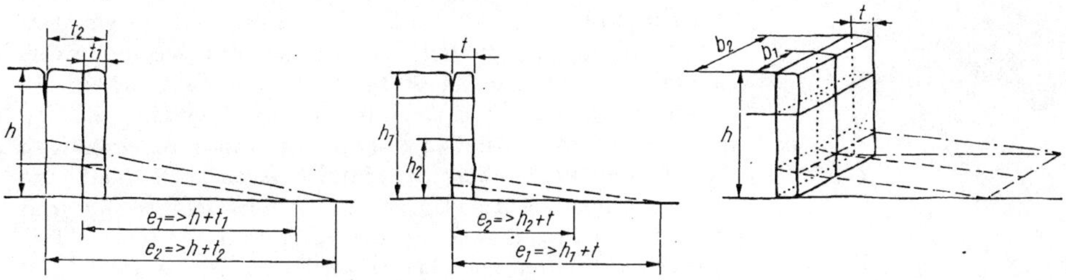

3b

3.2.1. Tiefe = t 3.2.2. Höhe = h 3.2.3. Breite = b

3.3. Neigung der Aufschlagfläche (Bewegungsart Kippung; Länge zwischen Felswand und Böschungsfuß $l = h + t$)

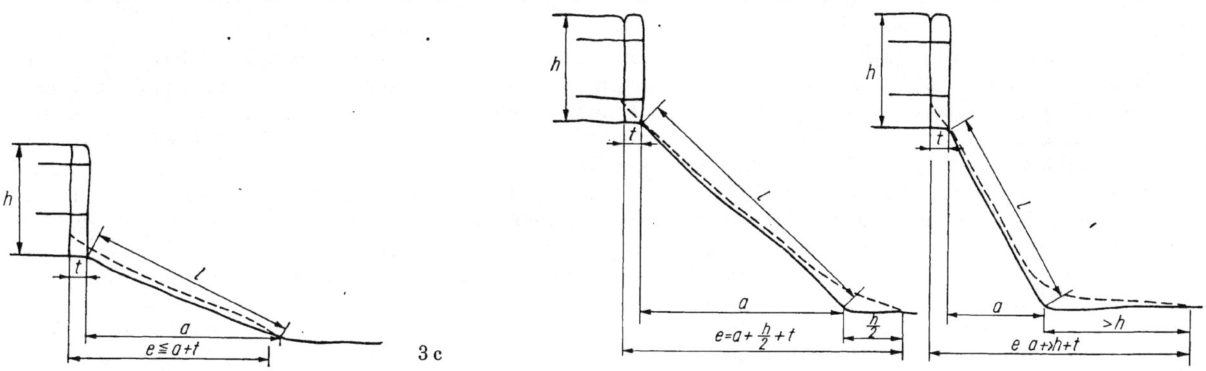

3c 3d

3.3.1. Flach geneigt (< 25°) 3.3.2. Mäßig geneigt (25···45°) 3.3.3. Stark geneigt (> 45°, Felsböschung)

Abb. 3 Einflußbereich (e) von Felsstürzen

meisten Felsabstürzen im Elbsandsteingebirge beobachtet (z. B. am 17. 1. 1972 am Papststein).
Wesentlich geringere Beeinträchtigungen ergeben sich beim Zusammenbruch einer Felswand (Abb. 3.1.2) oder beim Abgleiten von Felspartien (3.1.3). Zusammenbrüche von Felsböschungen ereignen sich im stark geklüfteten und teilweise mehr oder weniger angewitterten Sandstein. Beim Felssturz im Steinbruch Rathmannsdorf am 18. 11. 1971 (etwa 150 m^3) war die Felswand im unteren Teil überhängend und schwach bergseitig geneigt;

b) Die Flächenbeeinträchtigung hängt weiterhin von der Ausdehnung des Felskomplexes (Tiefe, Höhe, Breite) ab. Dabei wirkt sich die Höhe wesentlich stärker als die Tiefe aus (Abb. 3.2.1 bis 3.2.3);

c) Die Neigung der Aufschlagsfläche beeinflußt wesentlich die Reichweite. Unterhalb der senkrechten Felswände schließen sich meist Schuttkegel von früheren Felsstürzen an. Dem gegenüber bestehen in Steinbrüchen mehr oder weniger breite meist horizontale oder flach geneigte Steinbruchsohlen, so daß im allgemeinen eine geringere Flächenbeeinträchtigung auftritt. Nur bei den flach geneigten Böschungen (< 25°) gelangen die Felskörper bei entsprechender Länge der Aufschlagsfläche nicht bis zum Hangfuß (Abb. 3.3.1). Die angegebenen Neigungen beziehen sich auf Generalneigungen, wobei durchaus schmale horizontale Abschnitte (von Verkehrswegen) auftreten können. Häufig weisen die natürlichen Böschungen eine konkave Form auf, so daß in Bewegung geratene Massen im unteren Teil (ab < 25°) abgebremst und anschließend zur Ablagerung kommen. Einen besonders großen Einflußbereich besitzen Felsabbrüche oder Felsabgleitungen, die auf steile, meist aus Felsen aufgebaute Böschungen (Abb. 3.3.3) stürzen. Wegen der Steilheit kommt es zur Beschleunigung und eventuell in der Sturzbahn stehende Felskörper werden mitgerissen. Beispielsweise glitt beim Felssturz am 20. 3. 1978 oberhalb von Hrensko ein Felskörper (etwa 6 m × 4 m × 10 m) ab und riß im oberen steilen Teil des Felshangs weitere feste Sandsteinpartien weg, die nicht absturzgefährdet waren (Abb. 4).

5. Einschätzung des Gefährdungsgrades und Voraussage von Felsbewegungen

Der größte Teil der Felsstürze ereignete sich an Überhängen durch Abbruch. Während die Druckspannungen im allgemeinen von festem Sandstein aufgenommen werden, hält er Zugspannungen wesentlich weniger aus. Wie nachträgliche Berechnungen von Felsstürzen ergaben, liegen die durchschnittlichen Zugspannungen im Bereich der Bruchfläche bei etwa 0,3 bis 0,6 MPa (Abb. 5). Der große Unterschied zu den im Labor ermittelten Werten (Minimum etwa 3 MPa) ist auf die geringere Gebirgsfestigkeit zurückzuführen, d. h., es sind oft im oberen Teil der Bänke schon unterschiedlich weit aufgerissene Trennflächen vorhanden. Die an einem Felsüberhang auftretenden Zugspannungen sind abhängig von der Bankmächtigkeit, so daß die Abbruchgefahr mit zunehmender Bankmächtigkeit geringer wird. In Abb. 5 wurden weiterhin

Abb. 4. Bergrutsch bei Hrensko (Foto: Pohlenz)

bisher begutachtete absturzgefährdete Felsüberhänge eingetragen. Aus der Darstellung ist ersichtlich, daß die Zugspannungen nur in wenigen Fällen (meist nur in Steinbrüchen) 0,5 MPa übersteigt. Das Diagramm kann zur Einschätzung des Gefährdungsgrads (A, B, C) von Felsböschungen herangezogen werden. Es wird jedoch vorausgesetzt, daß eine Kippung oder Gleitung auszuschließen ist und, daß es sich um wandbildenden, also eine gewisse Festigkeit aufweisenden Sandstein handelt. Die Überhänge bildenden Sandsteinbänke besitzen in der Regel Mächtigkeiten von 1 bis 4 m. Durch den zunehmenden Einfluß der Verwitterung (z. B. durch Umweltverschmutzung) und/oder ausbrechendes Gesteinsmaterial können sich die Überhänge im Laufe von Jahren vergrößern und somit beispielsweise aus dem Gefährdungsbereich B in den Bereich A übergehen. Bei der Einplanung von Sanierungsmaßnahmen muß der ermittelte Gefährungsgrad berücksichtigt werden. Außerdem ist festzustellen, ob das Objekt im oder am Rande des möglichen Schadenseinflußbereichs (nach Abb. 3) liegt und welche Bedeutung es hinsichtlich der vom Objekt ausgehenden potentiellen Gefahren besitzt. Bei wichtigen Objekten (z. B. ständiger Aufenthalt von Personen), die sich im Einflußbereich von Felsböschungen befinden, ist bei Abbruchgefährdung A eine sofortige Sperrung erforderlich und bei Gefährdungsgrad B sind Sicherungsmaßnahmen einzuleiten. Bei der Abbruchgefährdung C reichen weitere Beobachtungen (z. B. Meßstellen) in größeren zeitlichen Abständen (1 bis 5 Jahre) aus. Liegen wichtige Objekte am Rand des Einflußbereichs oder handelt es sich um Objekte geringer Bedeutung (z. B. wenig befahrene Straßen), so sind bei Abbruchgefährdung A sofort Sicherungsmaßnahmen einzuleiten, bei Gefährdungsgrad B sind Sicherungsmaßnahmen einzuplanen und gegebenenfalls ist die Felsböschung durch Meßstellen zu überwachen.

Im Elbsandsteingebiet wurden bis zu drei Jahren vor dem Abbruch oder Abgleiten von Felskörpern visuell wahrnehmbare Bewegungen festgestellt. An zahlreichen absturzgefährdeten Felspartien wurden deshalb in den letzten Jahren Meßstellen eingerichtet und in regelmäßigen Abständen kontrolliert. Dadurch lassen sich bleibende Verformungen rechtzeitig erkennen, der Gefährdungsgrad objektiver einschätzen und der Zeitpunkt für notwendige Sicherungsmaßnahmen besser festlegen. Am größten Teil der eingerichteten Meßstellen wurden bisher nur temperaturbedingte Bewegungen ermittelt. Bei einer der wenigen Meßstellen, die bleibende Verformungen zeigt, rutscht ein überhängender Felsblock auf einer mit 55° einfallenden Fläche allmählich abwärts (Abb. 2).

Die Meßstelle 26 erfaßt eine senkrechte Kluft, in der der Block seitlich eingeklemmt ist und ergab deshalb keine Öffnungstendenz. Den vertikalen Abstand zur darüberliegenden Sandsteinbank ermittelt die Meßstelle 27. Diese bereits 15 cm geöffnete Kluft hat sich im Meßzeitraum von 6 Jahren um 1,5 mm erweitert. Die im Bereich der Gleitfläche angelegte Meßstelle 29 mißt die absoluten Beträge (bisher insgesamt 4,5 mm) in Bewegungsrichtung. Wie aus dem Bewegungs-Zeit-Diagramm entnommen werden kann, haben sich die bleibenden Verformungen etwas beschleunigt.

Die wenigen Meßstellen, an denen nachweisbare Deformationen festgestellt wurden, sowie der kurze Meßzeitraum reichen nicht zur zeitlichen Fixierung eines Felssturzes aus. Bisher wurde an keiner Meßstelle bis zum Zeitpunkt der plötzlichen Massenverlagerung gemessen. Durch Einwirkung unterschiedlicher Faktoren (z. B. Wurzeldruck, Feuchtigkeit) können sich bei den Messungen Beschleunigungs- mit Verzögerungsepochen einander abwechseln. Erschwerend für die Auswertung kommen die ungleichen Ausgangsparameter an den einzelnen Meßstellen hinzu, so daß in absehbarer Zeit mit keiner zeitlichen Fixierung von Felsstürzen durch Messungen zu rechnen ist.

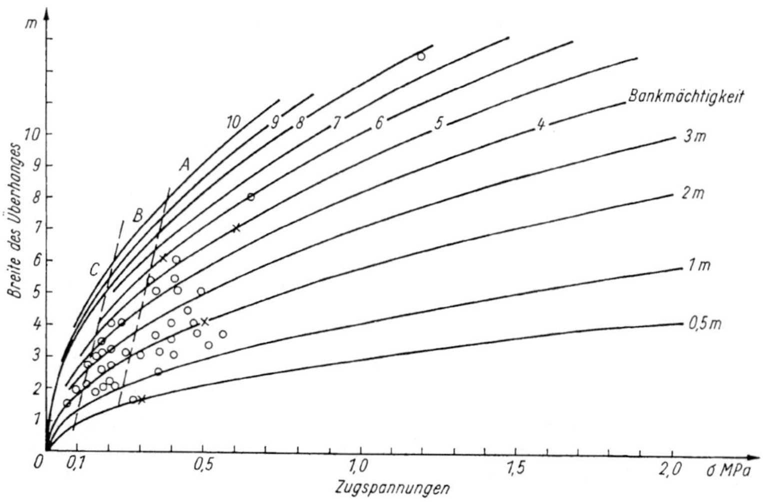

Abb. 5. Diagramm zur Ermittlung der Abbruchgefährdung

× — Felsstürze; ○ — absturzgefährdete Überhänge

Zusammenfassung

Im Elbsandsteingebiet ereignen sich die meisten Felsabstürze durch Abbruch infolge erhöhten Wassergehalts des Sandsteins zwischen Oktober und April. Der für die Beurteilung wichtige Einflußbereich von Felsstürzen hängt wesentlich von der Bewegungsart und der Neigung der Aufschlagfläche ab. Die Abbruchgefährdung wird vor allem von der Breite des Überhangs sowie der Bankmächtigkeit beeinflußt und kann aus einem Diagramm abgelesen werden. Weitere Hinweise über zu erwartende Felsbewegungen lassen sich durch Auswertung von regelmäßigen Messungen über einen längeren Zeitraum an gefährdeten Felspartien gewinnen.

Резюме

Большинство скальных обвалов, вызванных повышенным водонасыщением песчаников, в районе Эльбсандштейна происходит в период между октябрем и апрелем. Оценен ное в работе влияние обвалов в первую очередь зависит от рода подвижек и плоскости удара. Опасность обвала находится в зависимости от ширины карнизов и мощности пластов и может быть определена по диаграмме. Другие данные о возможных скальных подвижках могут быть получены в результате интерпреации данных регулярных замеров в течении длительных промежутков времени в районах опасных скальных участков.

Summary

In the Elbsandstein area most of the rock precipices take place between October and April as a result of breaking-off due to an increased water content of the sandstone. The range of influence important to evaluate rock precipices mainly depends on the mode of movement and inclination of the impact area. The breaking-off risks are above all influenced by the width of the overhang and bank thickness, and can be read from a diagram. Other informations on rock movements to be expected are obtainable by evaluating regular measurements of exposed parts of rocks over a major period.

Literatur

BEEGER, H.-D.: Der Felssturz im Elbtal oberhalb Hrensko vom 20. März 1978. — Sächs. Heimatblätter (1978) 5.

FEHRMANN, R.: Felsstürze in der Sächsischen Schweiz. — Mittelsächs. Bergsteigerbund (1919) 6.

NONVEILER, E.: Zur Frage der Felsrutschung im Vajont-Tal. — Felsmech. u. Ing.-Geol., Wien 5 (1967) 1.

PALME, H.; POHLENZ, R.: Ursachen von Felsabbrüchen im Elbsandsteingebiet. — Sächs. Heimatblätter (1973) 2.

PASEK, J.: Gravitationsprozesse an Hängen in Felsgesteinen. — Neue Bergbautechn., Leipzig 2 (1972) 6, S. 421—432.

POHLENZ, R.: Auswertung von Felsbewegungsmessungen mit dem Setzdehnungsmesser im Elbsandsteingebirge. — Freiberg: Bergakademie. Diplomarb. 1974.

Autorenkollektiv: Kurzbericht über die makroseismischen Auswirkungen der beiden Alpenostrandbeben vom 16. 04. 1972 (im Raum von Seebenstein) in den Südbezirken der DDR. — Ber. Zentralinst. Physik Erde, Jena (1972).

Numerische Simulation der radialsymmetrischen Gas–Wasser-Strömung an einer Bohrung

BITTKOW, P., Freiberg; SEUME, T., Leipzig

Allgemeines

Dieses reservoirmechanische Modell zur Simulation der Gas—Wasser-Strömung um eine Bohrung stellt die sinnvolle Erweiterung des Gasmodells von KRETZSCHMAR & SEUME (1978) dar. Während der Gültigkeitsbereich des Gasmodells auf reine Gaslagerstätten und Speicher mit Gastrieb oder Lagerstätten mit unbedeutendem Rand- oder Sohlenwassertrieb beschränkt war, ist das Gas—Wasser-Sondenmodell für die Berechnung der Zweiphasenströmung in Lagerstätten und Speichern mit Wasser- oder Öltrieb anwendbar.
Die Gasförderung von Bohrungen ist oft durch die Mitförderung von Flüssigkeiten begrenzt. Die Kenntnis der maximalen flüssigkeitsarmen Förderrate bei unterschiedlichem Speicherstand gestattet eine präzise Festlegung der Sondenfahrweise sowie eine Einschätzung der Leistungsfähigkeit des Gesamtspeichers. Die Berechnung der Gas—Wasser-Verdrängung zu einer Bohrung war in den sechziger Jahren beschränkt auf vereinfachte analytische Lösungen.
Diese beruhten auf der Berechnung von homogenen Schichten in horizontaler und vertikaler Richtung und ohne Berücksichtigung des Kapillardrucks und der Schichtneigung. Die Entwicklung der numerischen Speichersimulation wirkte sich fördernd auf die Erstellung von Einzelsondenmodellen aus. Dabei lösten diese nicht die traditionellen analytischen Feldauswerteverfahren ab, sondern ergänzten sie wesentlich durch die Berücksichtigung der arealen und vertikalen Verteilung von Reservoireigenschaften.
International ist dem Dreiphasenfluß Gas—Wasser—Öl großes Interesse geschenkt worden (s. SONIER u. a. 1971; MAC DONALD & COATS 1970; SPIVAK & COATS 1970; BEVERIDGE & COATS 1970; DUTTA & ARNOLD 1971). Die Lösung des Grundmodells (Druck-, Sättigungs- und Leistungsberechnungen anhand bekannter reservoirmechanischer und gasdynamischer Kenndaten) ist auf drei verschiedenen Wegen möglich:

1. implizite Druck-, explizite Sättigungsberechnung;
2. implizite Druck-, explizite Sättigungsberechnung mit impliziter Berechnung der sättigungsabhängigen Phasenpermeabilitäten;
3. voll implizite Druck- und Sättigungsberechnung.

Laut Einschätzung von MAC DONALD u. a. (1970) ist der gesamte Programmier- und Anpassungsaufwand der Lösungswege 1 bis 3 im Verhältnis etwa 1:2:6. Dabei ist das Verhältnis der möglichen Zeitschrittweiten für ein einfaches Modell ca. 1:10:200.
Da Erfahrungen mit der 1. Lösung in der Anwendung der zwei- und dreidimensionalen kartesischen Gas—Wasser-Verdrängungsmodelle vorlagen, wurde sie für die Programmierung im radialsymmetrischen Fall bevorzugt. Da die Modellanwendung auf die Aquifergasspeicher in der DDR ausgerichtet ist, war die Modellerarbeitung und Programmierung nur für den Zweiphasenfluß Gas—Wasser vorgesehen.
Es wurde nur das Grundmodell programmiert, da im Umkehrmodell die Freiheitsgrade zur Bestimmung von Reservoireigenschaften auf Grund des Mehrphasenflusses zu groß sind. Als Anpassungsmethode wird der „History Match" verwendet. Der „History Match" bringt einerseits die Bestätigung der Richtigkeit des mathematisch-physikalischen Strömungsmodells sowie der verwendeten Reservoirparameter und fordert aber andererseits eine kritische Auseinandersetzung mit dem Komplex der Feldmessungen und -auswertungen.

Eingang des Manuskripts in der Redaktion: 21. 2. 1979.

Modellcharakteristik

Das Modell beschreibt die Strömung eines realen Gases und einer inkompressiblen Flüssigkeit ohne Phasenwechsel in zwei Dimensionen (r — z, radial und vertikal (nach dem DARCYschen Gesetz, Abb. 1). Die elastischen Gesteinseigenschaften sind gegenüber den Aquifereigenschaften vernachlässigbar. Der Schwerkrafteinfluß wurde berücksichtigt.

Grundgleichungen

Die Differentialgleichungen für die Gas- und Wasserphase werden für den Zeitschritt ∂t bei konstanter Wassersätti-

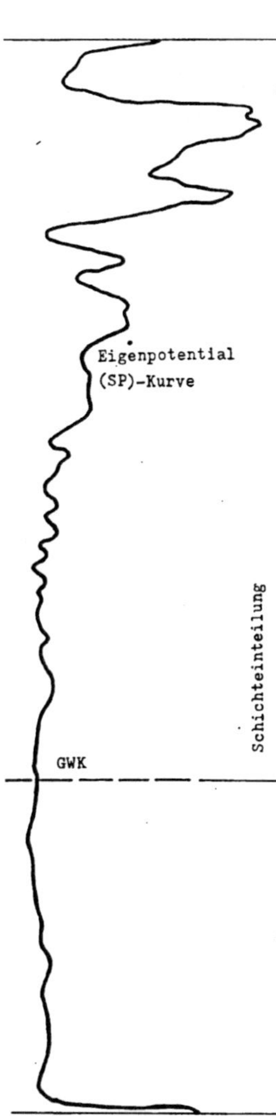

j	h/m/	ø	k/mD/	S_w
1	3	0,25	500	0,20
2	1,5	0,05	0,10	1,00
3	2,5	0,15	100	0,20
4	1	0,05	0,10	1,00
5	4	0,25	700	0,20
6	2	0,20	200	0,20
7	3	0,24	500	0,20
8	3	0,27	700	0,21
9	8	0,30	2000	0,21
10	2	0,30	2000	0,30
11	1	0,30	2000	0,35
12	1	0,30	2000	0,40
13	1	0,30	2000	0,50
14	1	0,30	2000	0,98
15	14	0,30	3000	0,99

Abb. 1. Eingabedaten zum Berechnungsbeispiel zweidimensionale Gas—Wasser-Strömung um eine Bohrung

gung zusammengefaßt und unter Berücksichtigung der Beziehung $p_g - p_w = p_c$ für den Gasdruck gelöst:

$$\frac{1}{r}\frac{\partial}{\partial r}\left[\frac{\Delta z k \varrho_w k_{rw}}{\eta_w}\left(\frac{\partial p_g}{\partial r}-\frac{\partial p_c}{\partial r}-\varrho_w g\frac{\partial z}{\partial r}\right)\right]+\frac{1C_1}{r\varrho_g}\frac{\partial}{\partial r}\left[\frac{\Delta z k k_{rg} p_g r \varrho_g}{\eta_g Z(p_g)}\left(\frac{\partial p_g}{\partial r}-\varrho_g g\frac{\partial z}{\partial r}\right)\right]$$
$$+\frac{\partial}{\partial z}\left[\frac{\Delta z k_z k_{rw}\varrho_w}{\eta_w}\left(\frac{\partial p_g}{\partial z}-\frac{\partial p_c}{\partial z}-\varrho_w g\right)\right]$$
$$+\frac{1}{\varrho g}\frac{\partial}{\partial z}\left[\frac{\Delta z k_z k_{rg} p_g \varrho_g}{\eta_g Z(p_g)}\left(\frac{\partial p_g}{\partial z}-\varrho_g g\right)\right]$$
$$=\frac{1}{\varrho g}\,\Theta\Delta z(1-S_w)\frac{\partial p_g}{\partial t}-(q_w+q_g)$$

Für den Zeitschritt ∂t kann dann nachfolgend explizit die Sättigungsänderung ∂S_w aus der Differentialgleichung des Wassers berechnet werden:

$$\frac{\partial S_w}{\partial t}=\frac{1}{\Theta}\left\{\frac{1}{r}\frac{\partial}{\partial r}\left[\frac{\Delta z k k_{rw} r \varrho_w}{\eta_w}\left(\frac{\partial p_g}{\partial r}-\frac{\partial p_c}{\partial r}-\varrho_w g\frac{\partial z}{\partial r}\right)\right]\right.$$
$$\left.+\frac{\partial}{\partial z}\left[\frac{\Delta z k_z k_{rw}\varrho_w}{\eta_w}\left(\frac{\partial p_g}{\partial z}-\frac{\partial p_c}{\partial z}-\varrho_w g\right)\right]+q_w\right\}$$

Wird die Differentialgleichung zur Berechnung des Gasdrucks in bekannter Weise in die Differenzenform überführt, so ist sie in Differenzensymbolen wie folgt zu beschreiben:

$$V\Delta_t p_g/Z + (V_g + V_w) = (\Delta_r F \Delta_r p_g)_{gw} + (\Delta_z F \Delta_z p_g)_{gw}$$

Die Differenzengleichung zur Berechnung der Wassersättigung ist

$$S_w = S_w{}^a + \frac{\Delta t}{V}\left[V_w + (\Delta_r F \Delta_r p_g)_w + (\Delta_z F \Delta_z p_g)_w\right]$$

Auf die ausführliche Darstellung dieser Abkürzungen wird hier zugunsten der Übersichtlichkeit verzichtet.

Die Mittelung der Permeabilitäten zwischen den Elementen kann wahlweise nach dem harmonischen Mittel, Flächenmittel oder Maximumprinzip erfolgen.

Das Differenzengleichungssystem wird mit Hilfe der geordneten Elimination nach KRETZSCHMAR & SAMES (1976) gelöst. Die Auflösung erfolgt nicht nach dem Druck p, sondern nach Δp (d. h. der Änderung des Druckes P), dadurch kann die einmal aufgestellte Berechnungsmatrix über mehrere Rechenschritte beibehalten werden, und es ist jeweils nur die variable Seite des Gleichungssystems neu zu berechnen.

Randbedingungen

Die Randbedingungen ($r = r_e$) für den Einflußbereich der Sonde werden in die geschlossene Kontur, endliche Aquiferausdehnung, und die offene Kontur, unendliche Aquifer ausdehnung, unterteilt:

Geschlossene Kontur, quasistationär:

$$\Delta Q_{gr_{ej}} = \Delta V_{wr_{ej}} = 0$$

$$k_{r_{ej}} = 0$$

Offene Kontur, stationär:

$Q_{gr_{ej}}(t)$; $V_{wr_{ej}}(t)$ vorgegeben, konstanter oder veränderlicher Zufluß über die Kontur,

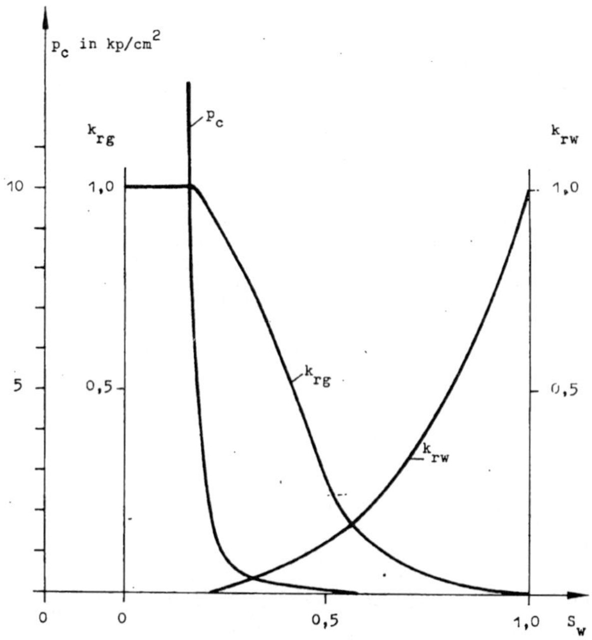

Abb. 2. Relative Permeabilitäten und Kapillardruck

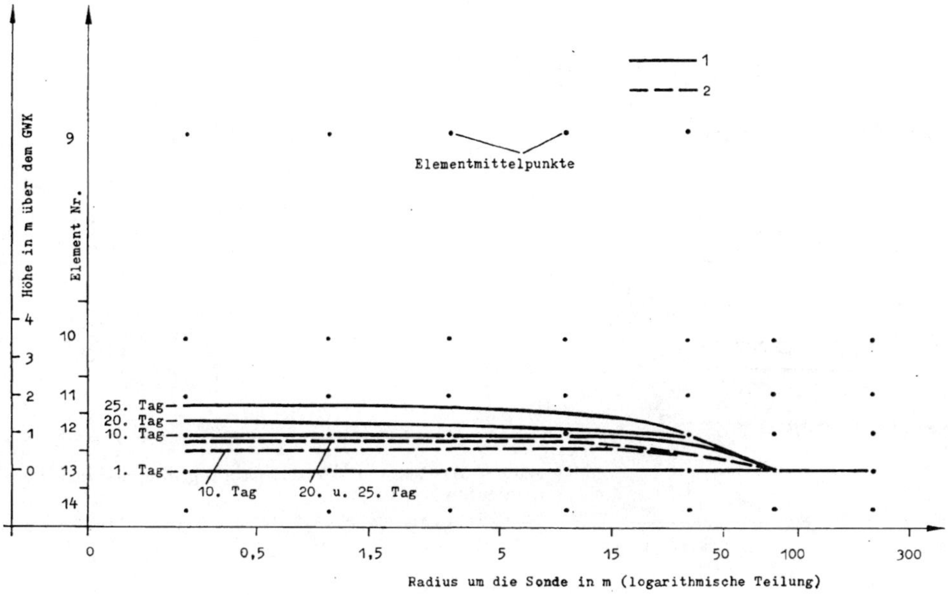

Abb. 3. Anstieg des Wasserkegels (50% S_w-Linie)
bei der Förderrate —— $240 \cdot 10^3$ m³/d und ---- $144 \cdot 10^3$ m³/d

Offene Kontur, instationär:
dieser Fall ist nicht mit programmiert, da er durch eine extreme Vergrößerung der letzten Sondenringe angenähert werden kann.
Bei der Modellanwendung ist für den konkreten Anwendungsfall eine dieser Randbedingungen auszuwählen. Für die allgemeine Aquifersonde trifft die unendliche Randwasserausdehnung zu.

Sondenbedingungen:

Gasfluß

Die bekannte Sondenfließgleichung wird hier verwendet, wobei die Gasförderung von der Sättigung, bzw. den relativen Permeabilitäten abhängig ist:

$$p_{B_g}^2 - p_{g_{1j}}^2 = (A_j Q_{B_{gj}} + b_j Q_{B_{gj}} |Q_{Bg_j}|)\, Z(p_{g_{1j}})$$

$$A_j = a_j \left[Z(p_{g1j}) \left(k_{r\,1j} + \frac{k_{rw1j}\eta_g}{\eta_w} \right) \right]^{-1}$$

a_j, b_j — Vorgabewerte, bekannt aus Sondentests.
Die Sondenkopfdruckberechnung erfolgt mit Hilfe der Lösung für die Zweiphasenströmung im senkrechten Rohr. Verschiedene Grenzkriterien und Vorgabewerte ermöglichen die Einhaltung fördertechnischer Gegebenheiten. Die Aufteilung der Ein- und Ausspeisemengen auf die einzelnen Schichten j erfolgt implizit, so daß Überström- bzw. Ausgleichsvorgänge über die Bohrung erfolgen können. Durch die implizite Berechnung der Sondenvolumenströme wird ein schnelles Konvergieren der Lösung erreicht. Die von der Phasenpermeabilität abhängige Wassermitförderung ist

$$V_{B_{wj}} = (p_{B_{wj}} - p_{g_{1j}} + p_{c_{1j}})\, \alpha_j$$

$$\alpha_j = \frac{k_{rw1j}\eta_g C}{\eta_w a_j}$$

BIm ereich der Restgassättigung erfolgt kein Gasfluß.

Wasserfluß

Die Wasserausspeisung stellt den Spezialfall der Wassersonde dar, der implizit in den Gleichungen des Gasflusses enthalten ist.

Programmhinweise

Das hier vorgestellte Gas—Wasser-Sondenmodell wurde in FORTRAN auf der Rechenanlage BESM-6 programmiert und trägt den internen Namen „HYSOND“. Das Modell ist für die Größen $i = 10$ (Anzahl der Ringe) und $j = 15$ (Anzahl der Schichten) programmiert worden.
Die vom Benutzer vorgegebenen Zeitschritte werden automatisch reduziert. Bei jedem Zeitschritt wird zuerst ausgerechnet wie groß die Änderung der Wassersättigung wäre, wenn als Rechenzeitschritt der vorgegebene gewählt wird. Anschließend wird der Zeitschritt so reduziert, daß die Wassersättigungsänderung einen Eingabewert nicht überschreitet. Mit dem so reduzierten Zeitschritt erfolgt die Berechnung des neuen Drucks und der neuen Sättigung. Der Vorteil dieses Verfahrens besteht in der erheblichen Einsparung von Rechenzeit, da von vorn herein die optimale Zeitschrittgröße in die Berechnung eingeht. Dieses Verfahren hat sich gerade bei dem Gas—Wasser-Sondenmodell bewährt, da die Sättigungsänderungen in Bohrlochnähe am Gas—Wasser-Kontakt sehr groß sein können und somit das Konvergenzverhalten der Lösung stark beeinflussen.

Berechnungsbeispiel

Durch den Vergleich der Modellrechnungen mit der praktischen Fahrweise einer Aquiferspeichersonde soll die Richtigkeit des mathematisch-physikalischen Modells sowie die der Eingabedaten bestätigt werden. Dabei werden besonders die Wasserkegelbildung und die Wassermitförderung analysiert und mit den erreichten Förderwerten verglichen. Des weiteren sollen Schlußfolgerungen für die Übertragbarkeit der Modellergebnisse auf die Praxis gezogen werden.

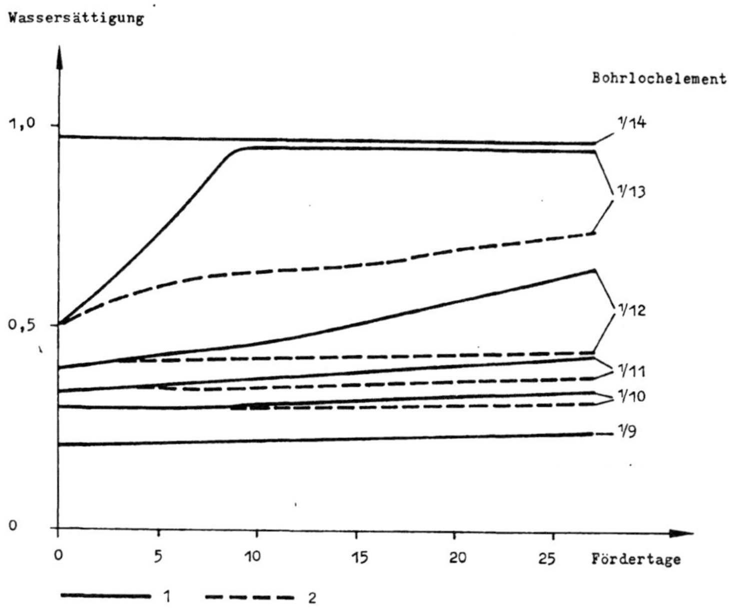

Abb. 4. Anstieg der Wassersättigung in den Bohrlochelementen
bei der Förderung von —— $240 \cdot 10^3$ m³/d und ---- $144 \cdot 10^3$ m³/d

Eingabedaten

Anzahl der Ringe $i = 7$; Anzahl der Schichten $j = 15$; Anfangsdruck in allen Schichten $p_S = 31$ kp/cm²; Schichtmächtigkeit, Porosität und Permeabilität entsprechend der Eigenpotentialkurve (*SP*-Kurve) — Abb. 1; Wassersättigung — Abb. 1; Übergangspermeabilität $k_z = 1/10k$; relative Permeabilitäten und Kapillardruck — Abb. 2; Horizontalabweichung $z = 0$; produzierender Bereich — Schicht 9; Sondenfaktoren

$$a = 2{,}0 \cdot 10^{-3}\ \frac{\text{kp}^2\ \text{d}}{\text{cm}^4\ \text{m}^3}\quad b = 1 \cdot 10^{-11}\ \frac{\text{kp}^2\ \text{d}^2}{\text{cm}^4\ \text{m}^6}$$

Ringstärken:

Ring	1	2	3	4	5	6	7
Stärke in m	0,5	1,0	3,5	10	35	50	200

Berechnungsergebnisse

Aus der Abb. 3 ist der mit dem Modell berechnete Anstieg des Wasserkegels deutlich erkennbar. Bei der Förderung von $240 \cdot 10^3$ m_N^3/d steigt der Wasserkegel nach 20 Tagen um etwa 1,5 m und bei der Förderung von $144 \cdot 10^3$ m_N^3/d um 0,8 m an. Während bei der Förderung von $144 \cdot 10^3$ m_N^3/d nach 25 Tagen keine Veränderung des Wasserkegels sowie Erhöhung der Wassersättigung im 12. Bohrlochelement (Abb. 4) mehr festzustellen ist und sich eine stationäre Strömung eingestellt hat, erreicht der Wasserkegel bei der Förderung von $240 \cdot 10^3$ m_N^3/d erst nach ca. 40 bis 45 Tagen diesen stationären Zustand.

Der relativ große Durchmesser des Wasserkegels mit etwa 100 m ist bemerkenswert. Auch bei geringerer Förderleistung verändert sich der Durchmesser gegenüber der Höhe des Wasserkegels unbedeutend (Abb. 3).

Da der Anstieg der Wassersättigung im produzierenden Bereich (Bohrlochelement 9) unabhängig von der Förderleistung (Abb. 4) ist, beruht die Wassermitförderung nur auf der Produktion von Schichtwasser.

Bei dem Vergleich der Sondenmeßdaten mit den Modellergebnissen (Abb. 5) kann eine sehr gute Übereinstimmung festgestellt werden (Tab. 1):

Der Vergleich der Wassermitförderung zeigt unter Berücksichtigung der komplizierten Feldmeßbedingungen die Anwendbarkeit des Modells sowie die Richtigkeit der verwendeten Eingabedaten.

Das verwendete Rechenbeispiel läßt eine Verallgemeinerung über die Höhe der Wassermitförderung bei steigender Gasförderung zu. Wird der Quotient der Wassermitförderung, Wasserquotient, bei höherer Gasförderung gebildet, so ist er eine fast konstante Zahl (Tab. 2).

Tab. 1. Wasserförderung in m³/d bei der Gasförderung von $144 \cdot 10^3$ m_N^3/d

Tag	Sondenmeßdaten	Modellergebnisse
1	0,0	0,18
5	0,18	0,25
10	0,28	0,35
15	0,35	0,45
20	0,50	0,54

Tab. 2. Quotient der Wasserförderung, Wasserquotient, bei d Gasförderung von $240 \cdot 10^3$ m_N^3/d : $144 \cdot 10^3$ m_N^3/d

Tag	$240 \cdot 10^3$ m_N^3/d : $144 \cdot 10^3$ m_N^3/d
1	2,88
5	2,69
10	2,55
15	2,53
20	2,53

Aus dem Vergleich der Förderformeln ist ersichtlich, daß der Wasserquotient annähernd dem Quotienten der Quadrate der Gasförderung ist:

$$\frac{(240 \cdot 10^3\ m_N^3/d)^2}{(144 \cdot 10^3\ m_N^3/d)^2} = 2{,}78$$

Für praktische Abschätzungen ist diese Verallgemeinerung unter der Annahme zulässig, daß kein Durchbruch des Wasserkegels erfolgt. Danach kann die zu erwartende Wassermitförderung bei anderer Förderleistung schnell berechnet werden.

Die für die Betriebsführung von Aquifergassonden so wichtigen Größen wie:

— Zeitpunkt des Durchbruchs des Wasserkegels in den Filterbereich;

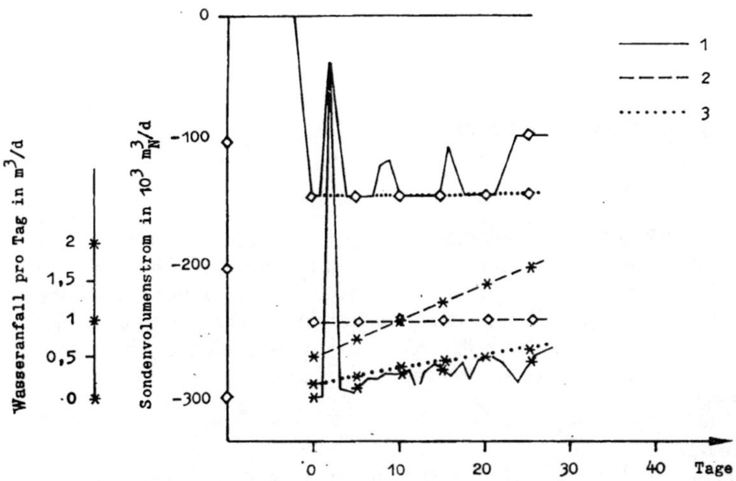

Abb. 5. Vergleich der Sondenmeßdaten mit den Modellergebnissen

—— Meßergebnisse;
---- Modellergebnisse (Entnahme — 240 · 10³ m³/d);
······ Modellergebnisse (Entnahme — 144 · 10³ m³/d)

— notwendige Reduzierung der Gasförderung zur Gewährleistung des Rückgangs des Wasserkegels;

— Bestimmung des optimalen Filterbereichs usw.

werden in umfangreichen Rechnungen ermittelt.

Festlegungen zur operativen Sondenfahrweise werden dann in enger Zusammenarbeit mit dem Betriebsfachmann getroffen. Die bisherigen Anwendungserfahrungen zeigen eine gute Eignung des Modells für die Festlegung von Filterintervallen, besonders bei geneigten Mehrschichtspeichern, sowie die Festlegung von Gasförderraten in Abhängigkeit vom Wasserkegel.

Eine zukünftige Modellerweiterung sollte einerseits auf die implizite Lösung des Differenzengleichungssystems und andererseits auf die Erweiterung zur 3. Dimension gerichtet sein.

Zusammenfassung

Das Modell einer radialsymmetrischen zweidimensionalen Gas—Wasser-Strömung um eine Bohrung wird vorgestellt. Es ist für die reale Gasströmung ohne Phasenwechsel unter Berücksichtigung des Schwerkrafteinflusses programmiert worden. Durch den History-Match werden das Modell und die verwendeten Eingabedaten bestätigt. Auf die praktische Anwendbarkeit zur Bestimmung des optimalen Betriebspunktes einer Aquifersonde wird eingegangen.

Резюме

Описывается модель радиально-симметричного двухразмерного притока газа и воды к скважине. Модель запрограммирована для реального газового потока без смены фаз, с учетом влияния гравитации. Принятые исходные данные и модель подтверждаются методом исторического сравнения (History-Match). Делается заключение относительно практической применимости при определении оптимальной точки заложения скважины в водоносном горизонте.

Summary

The model of a radial-symmetrical two-dimensional gas-water flow around a well is presented, and is programmed for the real gas flow without phase change when the influence of gravity is taken into account. The model and input data used for this purpose are confirmed by the history-match. The practical applicability to determine the optimum working place of an aquifer well is discussed.

Symbole

a, b — Sondenleistungsfaktoren; C_1, C — Dimensionskonstanten; g — Erdbeschleunigung; k — Permeabilität; k_r — relative Permeabilität; p — Druck; p_c — Kapillardruck; q — Schichtrate; Q_g — Gasrate; r — Radius; S_w — Wassersättigung; V_w — Wasserrate; Z — Realgasfaktor; z — Teufe; Δz — Schichtmächtigkeit; $\varnothing$ — Porosität; η — Viskosität; ϱ — Dichte.

Indices

a — Anfangswert; B — Sondensohlenzustand; g — Gas; i — Koordinate in r-Richtung; j — Koordinate in z-Richtung; t — Zeit; w — Wasser.

Literatur

BEVERIDGE, S. B.; COATS, K. H.: Numerical Coning Applications. — J. canad. Petr. Technol., Montreal (1970) 9, S. 209—215.

DUTTA, V. K.; ARNOLD, M. D.: Permeability Scaling in a Numerical Coning Model. — Soc. Petr. Eng. AIME, Print 3629, Dallas (1971).

KRETZSCHMAR, H.-J.; SEUME, T.: Numerische Simulation der radialsymmetrischen Gasströmung an einer Bohrung. — Z. angew. Geol., Berlin 24 (1978) 4, S. 162—166.

KRETZSCHMAR, H.-J.; SAMES, D.: Berechnung der Strömungsvorgänge in einem klüftig-porösen Gasspeicher mit einem dreidimensionalen numerischen Simulationsmodell. — Neue Bergbautechn., Leipzig (1976) 3, S. 230—234.

MAC DONALD, R. C.; COATS, K. H.: Methods for Numerical Simulation of Water and Gas Coning. — Soc. Pet. Eng. J. Dallas (1970) 12, S. 425—436.

SONIER, F. u. a.: A Numerical Model of Multiphase Flow Around a Well. — Soc. Petr. Eng. AIME, Print 3627, Dallas (1971).

SPIVAK, A.; COATS, K. H.: Numerical Simulation of Coning Using Implicit Production Terms. — Soc. Petr. Eng. J., Dallas (1970) 9, S. 257—267.

Automatische Auswertung von Sondentests

VOIGT, H.-D.; WAGNER, R.; KLAUS, M.; ASTL, A., Gommern

1. Einführung

Die Auswertung von Sondentests erfolgt unter Verwendung der Lösungen der Strömungsdifferentialgleichung in porösen Medien nahezu ausschließlich in graphischer Weise. Bei idealem Testablauf ist eine solche Auswertung mit wenig Aufwand verbunden. Demgegenüber erfordert die Interpretation von Tests mit komplizierter Technologie — wie ständiger Förderratenänderung — umfangreiche Rechenprozesse, die zum Beispiel bei Anwendung des Superpositionsverfahrens (HÄFNER 1971) zweckmäßigerweise durch einen Kleinrechner zu bewältigen sind. Außerdem hat bei diesen Verfahren das subjektive Urteil des Interpretators auf die zu bestimmende Parametergröße einen Einfluß.

Nachfolgend wird ein Verfahren angewendet, das ebenfalls einen Kleinrechner erfordert, jedoch den subjektiven Anteil der Interpretation weitgehend eliminiert. Das Grundprinzip dieses Verfahrens ist analog dem automatischen History—Match-Verfahren (KRETZSCHMAR & HEIDENREICH 1975), wie es seit einigen Jahren für die Parameterbestimmung aus Abbauergebnissen und von EARLOUGHER & KERSCH (1972) für die Interpretation instationärer Tests angewendet wird. Das Verfahren ermöglicht die automatische Auswertung von Fließdruck- und Druckaufbaumessungen sowie von Injektions- und Interferenztests mit kompliziertem Testablauf.

2. Grundlagen des Verfahrens

Wird eine Sonde beim Test mit vorgegebenem Förderratenverlauf gefördert, so kann in dieser Sonde oder in benachbarten Beobachtungssonden der Druckverlauf gemessen werden. Der meist durch diskrete Meßwerte $p_B(t_j)$ gegebene Druckverlauf läßt sich ebenfalls berechnen, falls die Parameter k und Φc des Speichers bekannt sind. Zur Nachrechnung soll die Lösung für eine Sonde in einem unendlichen, homogenen, isotropen Speicher mit stetig veränderlicher Förderrate nach HÄFNER (1971) unter Berücksichtigung der Turbulenz verwendet werden.

$$\varphi(r, t) = \varphi_{Bs} - \frac{p_N T}{2\pi k h T_N} q_N e^{-at} \left[- Ei \left(- \frac{r^2}{4\varkappa t} \right) + \sum_{i=1}^{\infty} \frac{(at)^i}{i \cdot i!} \right] - \left[C \frac{\beta_T \varrho_N p_N T}{2\pi^2 h^2 T_N r_B} \times \left(1 - \frac{r_B}{r_E} \right) + b \right] \frac{1}{\eta} [q_N e^{-at}]^2 \quad (1)$$

Fördert die Sonde außerdem diskontinuierlich, so ist der in dieser Weise veränderliche Förderratenverlauf durch Superposition von Gleichung (1) zu berücksichtigen. Gleichung (1) gilt in der angeführten Form mit der φ-Linearisierung für die Gasströmung, dabei kann der Turbulenzkoeffizient der Schicht b entweder mit $C = 0$ als bekannt vorausgesetzt oder mit $b = 0$ und $C = 1$ berechnet werden. Zur Berechnung des Turbulenzkoeffizienten wird die an Kernproben ermittelte Korrelationsbeziehung zwischen β_T und der Permeabilität verwendet. Eine Zusammenstellung der Meßwerte verschiedener Autoren in Abb. 1 führt auf folgende Beziehung

$$\beta_T = 4 \cdot 10^9 \cdot k^{-1,5} \quad (2)$$

wobei β_T in cm^{-1} und k in mD einzusetzen ist.[1] Die Berechnung des Druckverlaufs mit der p^2- oder p-Linearisierung bzw. für Flüssigkeitsströmung ist zusätzlich wahlweise möglich.

Im konkreten Fall eines Testes sind jedoch die Parameter k und Φc nicht bekannt, sondern müssen für die Nachrechnung angenommen werden. Ziel weiterer Nachrechnungen ist es, die Parameter so zu verändern, um das Gütefunktional

$$F = \sum_{j=1}^{m} (\overset{\text{gemessen}}{p(t_j)} - \overset{\text{berechnet}}{p(t_j)})^2 \quad (3)$$

iterativ zu minimieren. Damit die Methode der kleinsten Quadrate für die Parameterbestimmung anwendbar ist, muß eine lineare Form von Gleichung (1) zur Verfügung stehen. Gleichung (1) wird deshalb durch Entwicklung in einer TAYLOR-Reihe unter Vernachlässigung von Gliedern höherer Ordnung linearisiert.

$$p_j(k + \Delta k, \Phi c + \Delta \Phi c) = p_j(k, \Phi c) + \frac{\partial p_j(k, \Phi c)}{\partial k} \Delta k + \frac{\partial p_j(k, \Phi c)}{\partial (\Phi c)} \Delta \Phi c \quad (4)$$

Die in Gleichung (4) auftretenden Ableitungen lassen sich analytisch aus Gleichung (1) ermitteln, während sich die Parameterkorrekturen Δk und $\Delta \Phi c$ ergeben, wenn die partiellen Ableitungen von Gleichung (3) nach den beiden Parametern gleich Null gesetzt werden.

Die angenommenen Parameter werden nach jedem Iterationsschritt in gleicher Weise korrigiert, wie es hier für die Permeabilität dargestellt ist.

$$k_{\text{korrigiert}} = k_{\text{alt}} + f \cdot \Delta k \quad (5)$$

Da die angenommenen Parametergrößen sich sehr stark von den korrekten Werten unterscheiden können, kann die Berücksichtigung der gesamten Korrekturgröße Δk bzw. $\Delta \Phi c$ Gleichung (5), das bedeutet $f = 1$, zum divergieren des Verfahrens führen. Die Anwendung zeigte in Übereinstimmung mit EARLOUGHER & KERSCH (1972), daß mit $f = 0{,}5$ das Verfahren konvergiert, auch wenn die anfänglichen Parameter um den Faktor $10^{\pm 2}$ falsch angenommen werden.

Die Korrektur der Parameter nach Gleichung (5) und damit auch die Berechnung wird abgebrochen, falls die gewünschte Genauigkeit bei der Anpassung der Parameter

Eingang des Manuskripts in der Redaktion: 9. 4. 1979.

[1]) Wir danken Herrn Dipl.-Geoph. J. JEFLAND für die Bereitstellung der Meßwerte für tonigen Sandstein.

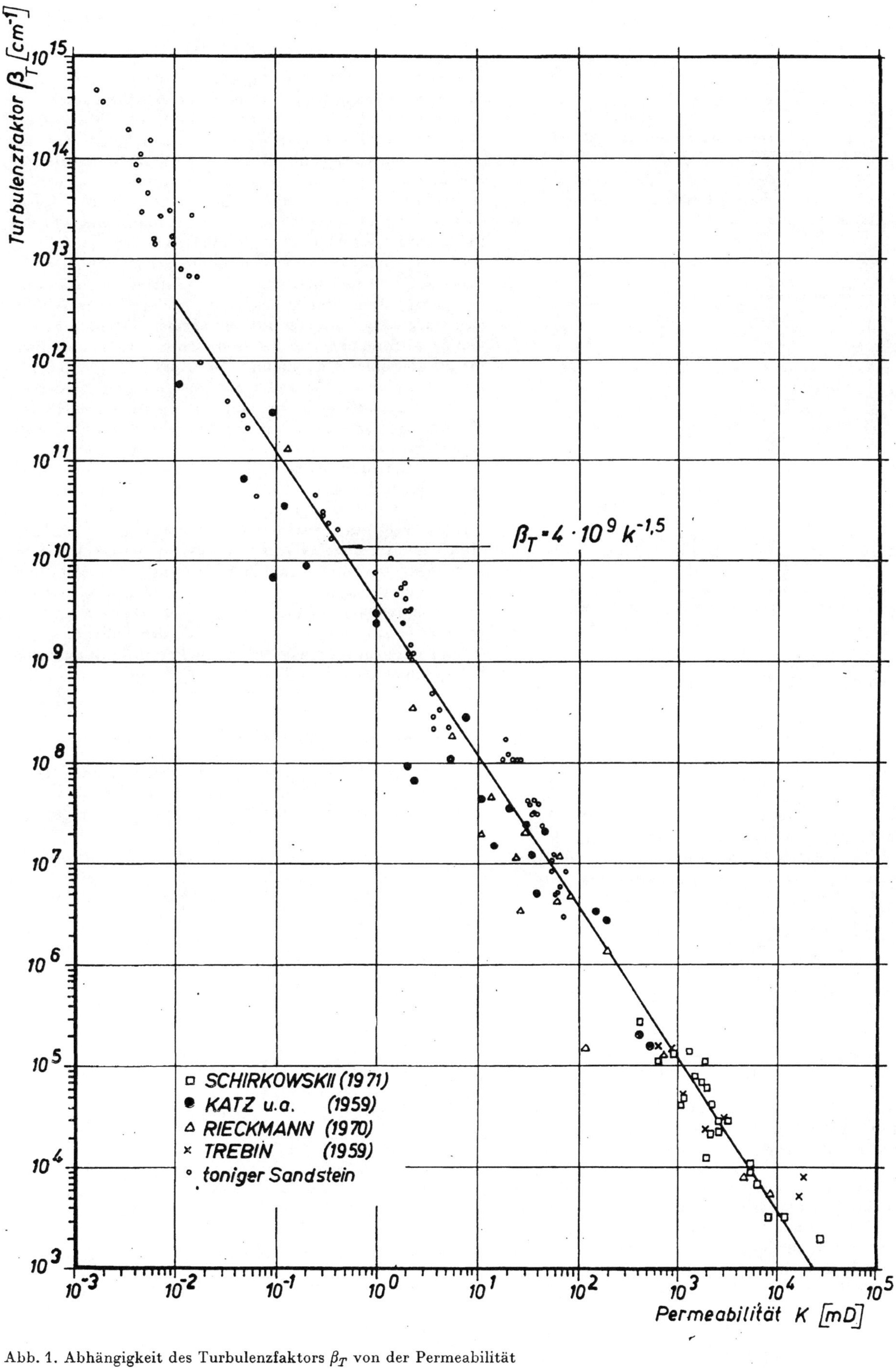

Abb. 1. Abhängigkeit des Turbulenzfaktors β_T von der Permeabilität

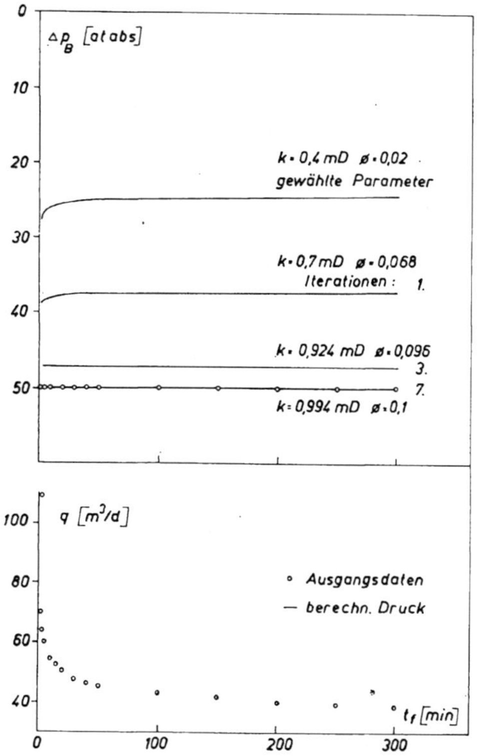

Abb. 2. Parameterbestimmung aus dem Förderverhalten einer Sonde bei konstanter Depression (hypothetisches Beispiel)

erreicht ist. Den Anforderungen der Praxis entsprechend wird folgende Abbruchbedingung verwendet:

$$\frac{|\Delta k|}{k_{\text{alt}}} \leqq 0{,}01; \quad \frac{|\Delta \Phi c|}{\Phi c_{\text{alt}}} \leqq 0{,}01 \tag{6}$$

Zusätzlich zu den Parametern k und Φc können der effektive Bohrlochradius $r_{B\text{eff}}$ und der Skinfaktor s berechnet werden, falls die vorgegebene Größe Φc z. B. aus Kerndaten oder Interferenztests bekannt ist. Da durch das automatische Auswerteverfahren ein scheinbarer Φc-Wert unter Verwendung von $s = 0$ und r_B berechnet wird, ergibt sich für die Berechnung von $r_{B\text{eff}}$ und s die Beziehung

$$r_{B\text{eff}} = r_B e^{-s} = r_B \left(\frac{\Phi c_{\text{berechnet}}}{\Phi c_{\text{vorgegeben}}}\right)^{0,5} \tag{7}$$

Ist der repräsentative Wert von Φc des zu untersuchenden Speichers nicht bekannt, so werden unreale Ergebnisse für $r_{B\text{eff}}$ und s berechnet.
Zur Anwendung des Verfahrens besteht ein Programm für das Kleinrechnersystem 4201 in ALGOL 4200.

3. Prüfung des Auswertungsverfahrens anhand hypothetischer Beispiele

Bevor das Verfahren für die Auswertung gemessener Daten verwendet werden kann, muß dessen prinzipielle Funktionstüchtigkeit und Fehleranfälligkeit bekannt sein. Vorerst werden deshalb hypothetische Fälle untersucht, deren Parameter bekannt sind und hier folgende Werte haben:

$k = 1{,}0$ mD; $r_B = 10$ cm;
$\Phi = 0{,}1$; $c = 5 \cdot 10^{-2}$ at^{-1};
$h = 50{,}0$ m; $p_{Bs} = 50$ atabs; $q = 30$ m^3/d;
$\eta = 0{,}6$ cP; $\Delta p_B = 50$ atabs.

Der erste Fall berücksichtigt das Förderverhalten einer Sonde mit konstanter Depression, wie es sich aus der entsprechenden Lösung von Jacob & Lohman (1952) ergibt. Die Förderrate verändert sich in Abhängigkeit von der Zeit hier sehr stark (Abb. 2). Derartige Veränderungen sind mit dem automatischen Auswertungsverfahren ohne Einschränkungen zu bewältigen. Bereits nach sieben Iterationen ist der vorgegebene Druckverlauf angeglichen (Abb. 2) und das Abbruchkriterium Gleichung (6) erfüllt.
Im zweiten Fall wurde der Einfluß fehlerbehafteter Druckwerte auf die berechneten Ergebnisse untersucht. Die Ausgangsdaten einer Fließdruck- mit anschließender Druckaufbaumessung wurden mit einem normal verteilten Fehler von 2,0 at Streuung versehen und dienten so als Grundlage für die Parameterbestimmung. Die Auswertung ergab für die Permeabilität 7% und für die Porosität 44% Fehler (Abb. 3). Dieser Fehler wird durch die geringe Anzahl der Meßwerte verursacht, die nicht ausreichend ist, um einen kleinen mittleren Fehler zu erhalten. Eine dreimal so große Anzahl von fehlerbehafteten Druckwerten führt demzufolge zu erheblich geringeren Fehlern von 0,5% bzw. 4,6% bei den entsprechenden Parametern.
Generell zeigt sich aus diesen Untersuchungen, daß mit Hilfe des automatischen Auswertungsverfahrens aus idealen Ausgangsdaten und bekanntem Skinfaktor sowohl die Permeabilität als auch die Porosität aus Einsondentests bestimmt werden können. Liegen fehlerbehaftete Ausgangsdaten vor, wie es in der Praxis der Fall ist, so ist deren Einfluß auf die zu bestimmende Permeabilität wesentlich geringer als auf die Porosität.

4. Auswertung von praktischen Testergebnissen

Anhand der Ergebnisse von drei unterschiedlichen Testverfahren sollen nachfolgend die Anwendungsmöglichkeiten der automatischen Testauswertung dargestellt werden.

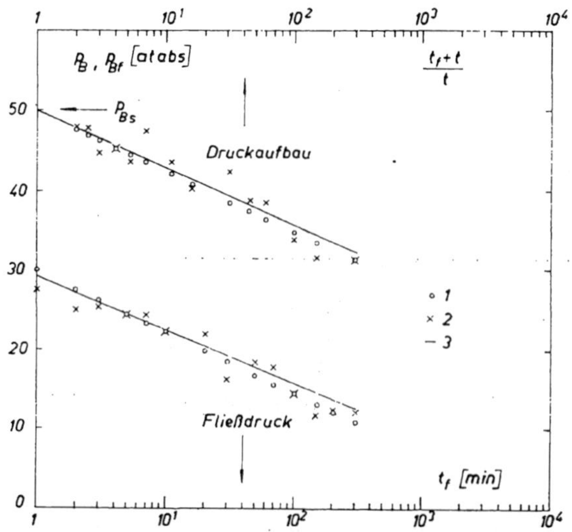

Abb. 3. Parameterbestimmung aus fehlerbehafteten Druckwerten (hypothetisches Beispiel)

1 – Druckverlauf ohne Fehler, $k = 1$ mD, ø = 0,1; 2 – Ausgangsdaten mit einem normal verteilten Fehler von ±2 at; 3 – durch Ausgleichsrechnung mit fehlerbehafteten Daten bestimmter Druckverlauf, $k = 1{,}07$ mD, ø = 0,056

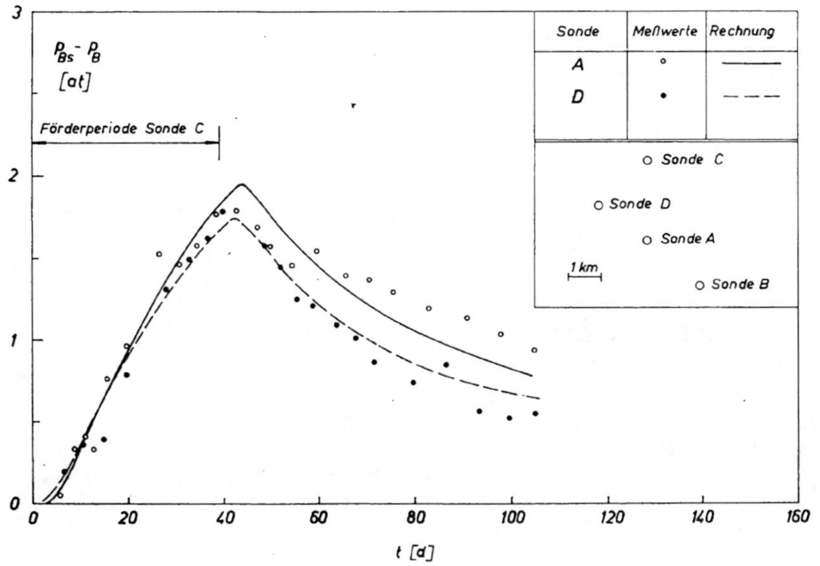

Abb. 4. Beispiel 1: Interferenztestergebnisse Sonden A und D

Beispiel 1: Interferenztest

In einer Gaslagerstätte mit vier produktiven Sonden, deren Lage in Abb. 4 dargestellt ist, wurde ein Interferenztest zur Bestimmung der Porosität und Permeabilität durchgeführt. Zu diesem Zweck förderte die Sonde C über einem Zeitraum von 39 Tagen. Die Förderrate betrug

von 0 bis 4,54 Tage $126{,}6 \cdot 10^3$ m³/d und
von 4,54 bis 39,0 Tage $145{,}7 \cdot 10^3$ m³/d.

Gleichzeitig wurde die Druckveränderung in den Sonden A und D ausgehend von statischen Verhältnissen gemessen. Der Vergleich von den gemessenen Druckwerten mit der Rechnung ist ebenfalls in Abb. 4 angeführt. Die Ergebnisse der Berechnung sind aus der Tabelle zu ersehen. Eine zusätzliche Auswertung des ersten Teils der Reaktionskurven bis zu 40 Tagen mit dem Integralverfahren (BUSINOV & UMRICHIN 1964)

$$\int_{p(0)}^{p(t)} \frac{d_p}{t} = -\frac{q_N \eta \varkappa T z p_N}{\pi k h r^2 T_N p} \cdot \exp\left(-\frac{r^2}{4\varkappa t}\right) \tag{8}$$

in Abb. 5 ergab vergleichbare Ergebnisse, die eine Verschlechterung der Parameter in Richtung zur Sonde B bzw. zum Lagerstättenrand ausweisen.

Tabelle. Berechnungsergebnisse des Interferenztestes

Sonden	Integralverfahren Gleichung (8)		automatische Auswertung	
	kh (mDm)	⌀ h (m)	kh (mDm)	⌀ h (m)
C — A	94	0,054	89	0,054
C — D	88	0,088	113	0,083

Beispiel 2: Isochronaltest

Der langjährig in der Praxis bewährte Isochronaltest wird in Gassonden für die Bestimmung des Leistungsverhaltens angewendet. Die zu untersuchende Sonde wird bei diesem Verfahren ausgehend von statischen Druckverhältnissen mit mindestens drei gleichlangen Fließperioden unterschiedlicher Förderrate und zwischengeschalteten Druckaufbaumessungen getestet. Einer Auswertung wird der gemessene Fließdruckverlauf mit den entsprechenden Förderraten zugrunde gelegt. Den Vergleich des gemessenen Fließdruckverlaufs nach dem Abklingen der Nachproduktion mit der Rechnung zeigt Abb. 6. In diesem Beispiel wird neben den Parametern k und Φ zusätzlich der Turbulenzkoeffizient b berechnet, so daß die leicht verkippte Neigung der Rechnung gegenüber den Meßwerten zu erklären ist. Die Leistungskoeffizienten der Sonde nach einer Fließzeit von 2 Stunden (Abb. 7) werden ausreichend genau berechnet. Eine manuelle Interpretation mit aufwendiger

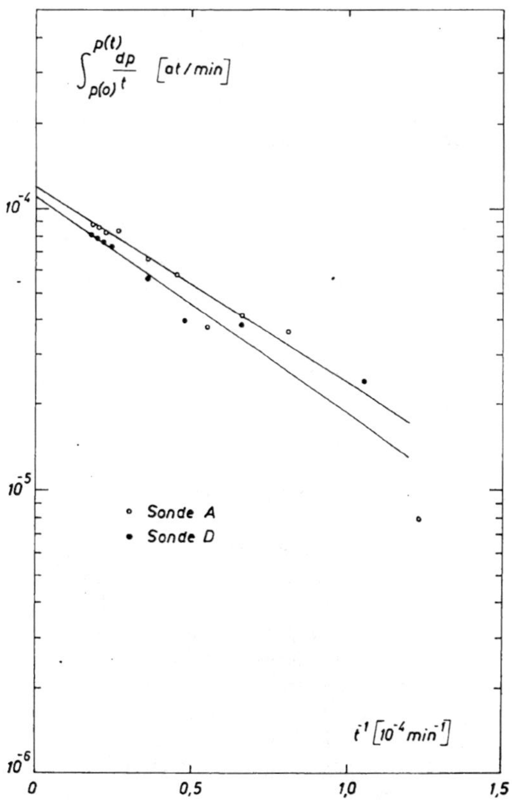

Abb. 5. Beispiel 1: Auswertung des Integralverfahrens zur Auswertung des Interferenztestergebnisses

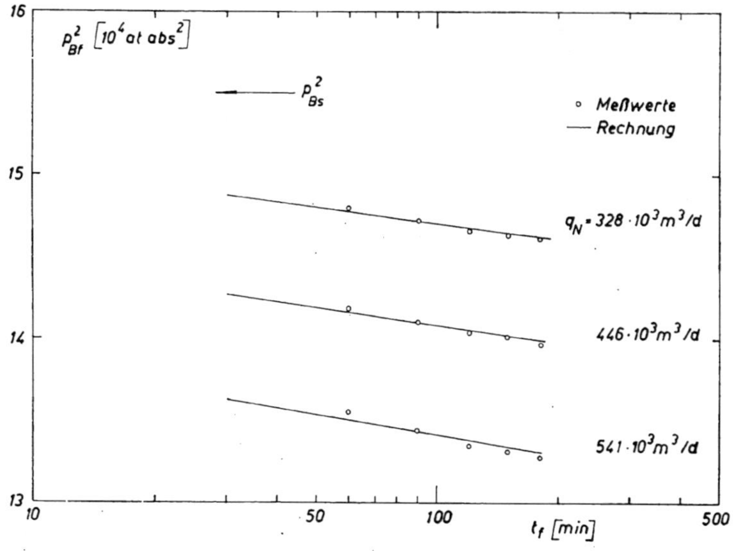

Abb. 6. Beispiel 2: Fließdruckverhalten des Isochronaltestes einer Sonde

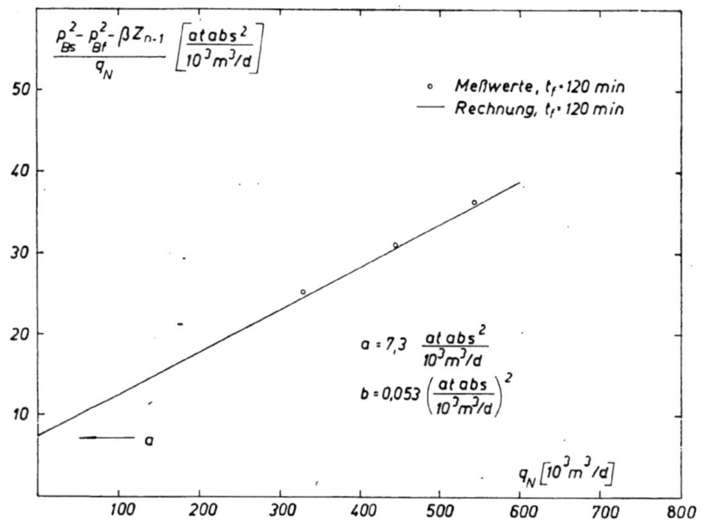

Abb. 7. Beispiel 2: Automatische Bestimmung der Filtrationskoeffizienten aus Isochronaltestergebnissen

Berechnung der Größe Z_{n-1} führt lediglich zu einem geringfügig höheren linearen Filtrationskoeffizienten a. Die Permeabilitätskapazität des getesteten Speichers beträgt 192 mDm.

Beispiel 3: Gestängetest in einem Brunnen

Mit Hilfe des Gestängetestes können unterschiedliche Speicher in Sonden oder Brunnen in einfacher Weise separat untersucht werden. Das vorliegende Beispiel stellt die Ergebnisse eines Testes für einen gespannten Grundwasserleiter dar.

Der Test begann mit der Bestimmung des statischen Schichtdrucks (Ruhewasserspiegel), der sich in dem Brunnen aufgebaut hat. Darauffolgend wurde der Brunnen mit einer Mammutpumpe abgepumpt, die eine veränderliche Förderrate verursachte. Den Abschluß des Testes bildete eine Spiegelanstiegs- oder Druckaufbaumessung zur Kontrolle des statischen Schichtdrucks.

Die Auswertung der beiden Testperioden erfolgte mit dem angeführten Verfahren. Trotz Berücksichtigung der veränderlichen Förderraten treten im Fließdruckverfahren größere Differenzen zwischen Meßwerten und Rechnung auf (Abb. 8), die durch den Austrag von strömungshemmenden Bohrrückständen während des langen Pumpvorgangs begründet sind. Demgegenüber wird der Verlauf der gesamten Spiegelanstiegsmessung mit dem ersten durch Nachproduktion beeinflußten Teil gut wiedergegeben. Die berechneten Parameter sind in Abb. 8 angeführt. Der negative Skinfaktor wird durch die Installation des Brunnens mit einem verkiesten Filterrohr verursacht. Eine zusätzliche Auswertung nach der Liniensenkenlösung führt zu einer vergleichbaren Permeabilität von 2970 mD.

Schlußfolgerungen

Die vorhergehenden Untersuchungen zeigen, daß mit dem beschriebenen Verfahren eine automatische Auswertung von instationären Sondentests möglich ist. Das Verfahren ist vorrangig für die Interpretation von Tests mit komplizierter Technologie geeignet, da in diesen Fällen der manuelle Arbeitsaufwand gegenüber den konventionellen Verfahren wesentlich reduziert wird. Gleichfalls wird bei einer derartigen Auswertung der subjektive Einfluß reduziert, obwohl für die Anwendung das Fachwissen und die Entscheidung des Interpretators notwendig sind.

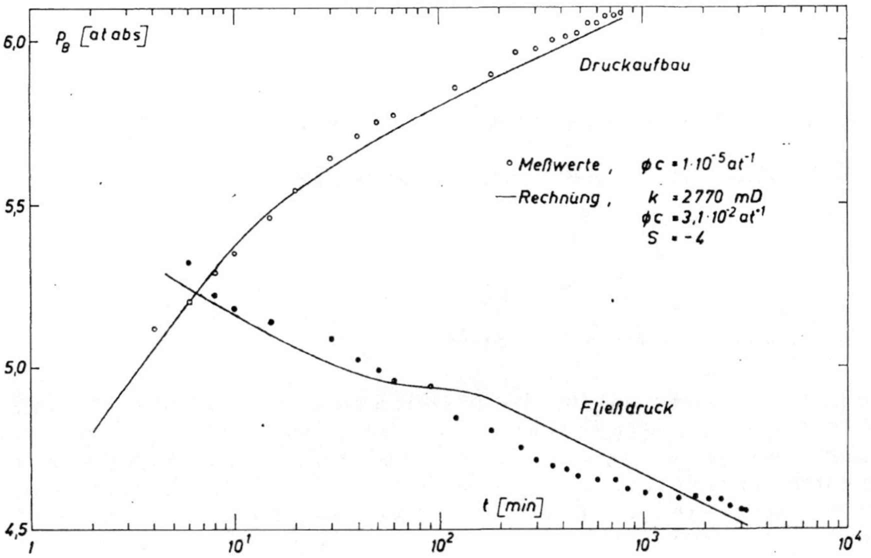

Abb. 8. Beispiel 3: Fließdruck- und Druckaufbauverhalten (Spiegelanstieg) in einem Brunnen

Einflüsse durch den Rand des Drainagegebiets, durch den eventuellen Mehrschichtcharakter des Speichers können mit der hier verwendeten Lösung des Verfahrens nicht berücksichtigt werden; sie sind jedoch bei Verwendung entsprechender Lösung interpretierbar. Verändern sich die Speicherparameter infolge geologischer (Störungen) oder technologischer Ursachen (Freiförderung des Speichers von Bohrrückständen), so werden mittlere Parameter berechnet.

Symbolverzeichnis

Die angeführten Gleichungen mit Ausnahme von Gleichung (2) gelten für SI-Einheiten. Demgegenüber wurden die Ergebnisse in praktischen Einheiten angegeben.

a — Exponent Gleichung (1); a — Filtrationskoeffizient der Schicht; b — Turbulenzkoeffizient der Schicht; c — Gesamtkompressibilität der Schicht; f — Faktor der Gleichung (5); F — Gütefunktional; h — Schichtmächtigkeit; k — Permeabilität; p — Druck; Q — Förderrate; r — Radius; s — Skinfaktor; t — Zeit; T — Temperatur; z — Realgasfaktor; $Z_{n-1} = \sum_{v=1}^{n-1} q_v e - a_v(t - t_{v-1}) \ln \frac{t - t_{v-1}}{t - t_v}$ (Z_{n-1} — Summe Abb. 7); $\beta - \frac{\eta z p_N T}{2\pi k h T_N}$ (β — Faktor Abb. 7); β_T — Turbulenzkoeffizient; η — dynamische Viskosität; x — Druckleitfähigkeit $= k/\eta \varnothing c$; ϱ — Dichte; $\varnothing$ Porosität; φ — Realgasdruckfunktion $= 2 \int_{p_0}^{p} (p'/\eta z)\, dp'$.

Indizes:

b — Bohrung; E — Einzugskontur; f — fördernd; N — Normzustand; s — statische Bedingungen; o — beliebiger Bezugsstand.

Zusammenfassung

Für die Interpretation von instationären Untersuchungen an Sonden und Brunnen wird ein automatisches Verfahren dargestellt, dessen Anwendung einen Kleinrechner erfordert. Die Anwendungsmöglichkeiten des Verfahrens wurden in drei praktischen Testbeispielen, einem Interferenz-, einem Isochronal- und einem Gestängetest mit Fließdruck- und Spiegelanstiegsmessung demonstriert. Es zeigt sich, daß das Verfahren besonders für die Auswertung von Tests mit komplizierter Technologie geeignet ist.

Резюме

Рассматривается автоматический метод интерпретации нестационарных исследований эксплуатационных скважин и колодцев, использование которого требует применения малой счетной машины. Возможности использования метода демонстрируются на трех практических примерах: исследовании взаимодействия скважин, исследовании скважи без остановки и опробовании на инструменте с измерением забойного давления и статического уровня. Выявляется, что метод особенно удобен для интерпретации опробований со сложной технологий.

Summary

An automatic method using a small computer is presented for interpreting unsteady hole and well tests. Its possibilities of application are illustrated by three practical examples, viz by an interference test, an isochronous test, and a drill stem test with measurement of the flow pressure and raise of level. The method is shown to be particularly suited for evaluating tests involving an intricate technology.

Literatur

BUSINOV, S. N.; UMRICHIN, I. D.: Issledovanie plastov i skvasžin pri uprugom resžime filtracii. — Moskva: Izdat. Nedra 1964.

EARLOUGHER, R. C.; KERSCH, K. M.: Field Examples of Automatic Transient Test Analysis. — J. Petr. Technol., Dallas (1972) S. 1271—1277.

HÄFNER, F.; VOIGT, H. D.: Die Anwendung des Superpositionsverfahrens beim Test von Erdgassonden. — Z. angew. Geol., Berlin 17 (1971) 8, S. 311—318.

JACOB, C. E.; LOHMAN, S. W.: Nonsteady Flow to a Well of Constant Drawdown in an Extensive Aquifer. — Trans. AGU, (1952) S. 559—569.

KATZ, D. L.; CORNELL, D.; KOBAYASHI, R.; POETTMANN, F. H.; VARY, J. A.; ELENBAAS, J. R.; WEINAUG, C. F.: Handbook of Natural Gas Engineering. — New York: McGraw-Hill Book Co. 1959.

KRETZSCHMAR, H. J.; HEIDENREICH, H.: Automatische History-Match-Verfahren. — In: Vortr. des Berg- und Hüttenmännischen Tages. Kolloquium 2, H. 1. Freiberg 1975. S. 198—211.

RIECKMANN, M.: Untersuchungen von Turbulenzerscheinungen beim Fließen von Gasen durch Speichergesteine unter Berücksichtigung der Gleitströmung. — Erdöl-Erdgas-Z., Wien 2 (1970) 36.

ŠIROKOVSKIJ, A. I.: Opredelenie i ispolzovanie fizičeskich parametrov poristoj sredy pri razrabotke gazovych i gazokondensatnych zaležej. — Geologija razvedka i razrabotka gazovych i gazokondensatnych mestoroždenij. — Moskva: VNIIZ GAZPROM 1971.

TREBIN, G. F.: Filtracija židkostej i gazov v poristych cpedach. — Moskva: Gostoptechizdat 1959.

Veränderlichkeit einiger Parameter von Fluoritlagerstätten des Thüringer Waldes und Methoden zur Einschätzung ihrer Genauigkeit

PAVLENKO, J. V.; HÄHNEL, CHR., Jena

Mitteilung aus dem VEB Geologische Forschung und Erkundung Freiberg

Im Verlauf der Untersuchung von Lagerstätten ist neben der Klärung der geologischen Gesetzmäßigkeiten (wie z. B. Lagerungsverhältnisse, Form der Rohstoffkörper, paragenetische Verhältnisse) die Veränderlichkeit der wichtigsten Eigenschaften zu bestimmen, die es erlaubt, den industriellen Lagerstättentyp, den Repräsentationswert der gemittelten Parameter der Rohstoffkörper und die Glaubwürdigkeit der berechneten Vorräte im gegebenen Erkundungsstadium einzuschätzen.

Im Mittelpunkt der statistischen Untersuchungen standen die bereits industriell genutzten Lagerstätten der Strukturen Ilmenau (Mittlerer Thüringer Wald), Steinbach und Hühn (Westlicher Thüringer Wald).

Bei diesen Vorkommen handelt es sich um den genetischen Typ der mittel- bis niederthermalen Gangbildungen der saxonischen Mineralisationsetappe, die als Scherspalten der steil einfallenden NE—SW-streichenden Bruchstrukturen auftreten.

Die streichende Ersteckung der erzführenden Strukturen beträgt 2 km (Steinbach) und 4 km (Ilmenau). Die komplizierte Verteilung der Mineralisation auf den Strukturen wird durch deren Morphologie und Entwicklung hervorgerufen. In Verbindung damit schwanken Anzahl und Größe der einzelnen Rohstoffkörper.

So kann man auf den Gängen der Struktur Ilmenau 23 Erzkörper mit einer streichenden Erstreckung von 30 bis 40 m bis einigen 100 m aushalten, auf den Strukturen Steinbach und Hühn mißt bei geringer Anzahl an Rohstoffkörpern deren mittlere Länge einige hundert Meter. Dabei ist zu beachten, daß auf Grund des raschen Wechsels der Konfiguration der Körper, der ungenügenden Erforschung der Form und des raschen Wechsels von vererzten und nicht vererzten Partien einmal der einzelne Körper, das andere Mal der Gang als Ganzes von den geologischen Bearbeitern betrachtet wurde. Die Gangmächtigkeiten schwanken sowohl im Streichen als auch im Fallen von Teilen eines Meters bis zu einigen Dekametern. Als Gangfüllungen treten neben Fluorit, Baryt, Karbonate, Quarz, Sulfide, Mangan- und Eisenoxide in wechselnder Menge auf. Der CaF_2-Gehalt schwankt sehr stark , der mittlere Gehalt beträgt 50 bis 70%.

Die mathematisch-statistische Untersuchung galt der Veränderlichkeit der beiden wichtigsten Parameter: Mächtigkeit und Gehalt.

Die dafür ausgewählten Gänge bzw. Rohstoffkörper sind weitestgehend durch zahlreiche bergmännische Auffahrungen (Überhaue, Strecken, Abbaue) sowie durch einige Untertagebohrungen erschlossen. Die Beprobungen lieferten über Mächtigkeit und Gehalte umfangreiche Angaben, die als Ausgangsdaten für nachfolgende Ermittlungen dienten. Die Probenabstände in den Rohstoffkörpern liegen zwischen 1 und 5 m, selten bei 10 m. Diese sicheren Angaben erlauben es, mit Hilfe der mathematischen Statistik die Veränderlichkeit der o. a. Parameter im Streichen und im Fallen der Rohstoffkörper mit großer Genauigkeit zu bestimmen, die Beprobungsmethode und optimale Dichte des Probennetzes zu begründen und mögliche Fehler bei der Errechnung der mittleren Parameter für unterschiedliche Erkundungsnetzdichten zu ermitteln.

Bei der Betrachtung der Veränderlichkeit sind Unterscheidungen nach dem Charakter und dem Grad zu treffen, wobei man dem Charakter nach eine zufällige und eine gesetzmäßige Veränderlichkeit aushält, während der Variationskoeffizient den Grad der Veränderlichkeit widerspiegelt (Gesamtveränderlichkeit). Die Berechnung des Variationskoeffizienten erfolgt nach der Formel:

$$V_x = \frac{\sigma}{\bar{x}} \cdot 100\%$$

Die mittlere quadratische Abweichung (σ) ist die positive Wurzel aus der Streuung (σ^2)

$$\sigma_x^2 = \frac{\Sigma (x_i - \bar{x})^2}{n}$$

x_i = Ausgangswert der Einzelprobe
n = Anzahl der Proben

Das arithmetische Mittel ($\bar{x}$) ergibt sich aus der Formel:

$$\bar{x} = \frac{\Sigma x_i}{n}$$

Bei großer Probenanzahl kann die Berechnung von Streuung und Mittelwert nach der Methode der Momente errechnet werden.

$$\bar{x} = x_0 + \frac{\Sigma n_i \cdot x_i}{n} \cdot d$$

$$\sigma_x^2 = \left[\frac{\Sigma n_i \cdot x_i^2}{n} - \left(\frac{\Sigma n_i \cdot x_i}{n}\right)^2\right] \cdot d^2$$

d — Größe der Klasse,
x_0 — Mittelwert der nullten Klasse,
n_i — Probenanzahl in der Klasse (Häufigkeit),
x_i — Abweichung von der Kategorie 0.

Der Variationskoeffizient gibt die mittlere quadratische Abweichung (Standardabweichung) vom Mittelwert eines Parameters, in Prozent ausgedrückt, an. Er nimmt demzufolge mit Zunahme der Gleichmäßigkeit eines Parameters ab und erhöht sich beträchtlich bei komplizierter

Eingang des Manuskripts in der Redaktion: 13. 2. 1979.

Tabelle. Mächtigkeits- und Gehaltsänderungen der Thüringer Fluoritlagerstätten

Lagerstätte	Struktur, Körper	Profil, Auffahrung, Sohle (absolute Höhen)	Anzahl der Proben, Anzahl der Messungen	Ausgangswerte	Mächtigkeit (Wahrscheinlichkeit 0,95)				Gehalt (Wahrscheinlichkeit 0,95)				Anmerkung
					Genauigkeit der Bestimmung		Variationskoeffizient % %		Genauigkeit der Bestimmung		Variationskoeffizient % %		
					absolute (m)	relative (% %)	Gesamtveränderlichkeit	zufällige Veränderlichkeit	absolute (% %)	relative (% %)	Gesamtveränderlichkeit	zufällige Veränderlichkeit	
1	2	3	4	5	6	7	8	9	10	11	12	13	14
Ilmenau	Stechberg (im Streichen der Struktur)	Stollen (540 m)	197	alle Werte, teilweise auf die Sohle interpoliert	±0,34	8—10 9	58—70 64	—	±1,6	2	16—17 17	—	nur Erzintervalle
			88	ebenfalls nur in einem Abstand von 5—10 m	±0,46	11—14 13	53—68 60	17	—	—	—	—	„
			156	alle Werte, teilweise auf die Sohle interpoliert	±0,42	10—13 11	64—80 71	—	±1,7	2—3 2	16	—	Erz- und Nichterzintervalle
			163	Riß mit Mächtigkeitsisolinien Probenabstand 4 m	±30	9—10 9	55—66 60	11	—	—	—	—	„
			84	Riß mit Gehaltsisolinien, Probenabstand 8 m	—	—	—	—	±3,8	6—7 7	29—33 31	10	„
		das gleiche entlang der Stollensohle (Mitte)			—	9—13	60—64	17	—	2	17	—	im Erz
					—	9—11	60—71	11	—	2—7	16	10	Erz- und Nichterzintervalle
		zwischen horizontalem Stollen und Sohle 1 (510 m)	158	Riß mit Mächtigkeitsisolinien, Probenabstand 4 m	±0,31	9—11 10	58—72 64	—	—	—	—	—	„
		Sohle 1 (480 m)	139	alle Werte, Proberiß	±0,29	9—11 10	54—66 59	25	±4,1	6—7 6	35—40 37	—	„
			79	„	±42	13—17 15	57—76 65	—	±5,7	8—9 8	35—42 38	—	„
			158	Riß mit Mächtigkeitsisolinien, Probenabstand 4m	±0,26	9—11 10	58—71 64	—	—	—	—	—	„
			80	Riß mit Mächtigkeitsisolinien, Probenabstand 8 m	—	—	—	—	±4,1	6—7 7	29—33 30	—	„
		das gleiche entlang der Sohle 1 (Mitte)			—	10—15	59—65	25	—	6—8	30—38	—	„
		460 m-Sohle	124	alle Werte, Proberiß	±0,26	9—12 11	51—67 60	25	±4,4	8—9 8	43—52 46	—	„
			114	„	±0,25	8—10 9	44—52 48	25	±4,0	6—7 7	34—39 37	—	nur im Erz
		Sohle 2	40	„	±0,55	16	50	—	±4,1	6	19	—	Erz- und Nichterzintervalle
		Sohle 3	53	„	±0,44	14—19 16	50—68 58	26	±4,5	6—7 7	22—26 24	12	„

Tabelle (1. Fortsetzung)

1	2	3	4	5	6	7	8	9	10	11	12	13	14
Ilmenau	Floßberg (im Streichen der Struktur)	Sohle 1	39	alle Werte, Proberiß	±0,28	13–17 / 15	40–54 / 46	—	±3,2	5–6 / 5	16–18 / 17	—	Erz- und Nichterz-intervalle
		Profil Qu. 363 (360 bis 600 m)	57	Riß mit Mächtigkeitsisolinien, Probenabstand 4 m	±0,43	13–17 / 14	48–64 / 55	—	—	—	—	—	,,
	Stechberg (im Fallen der Struktur)	Profil Qu. 163–363 (1.–2. Sohle)	12	alle Werte Beprobung	—	—	66	28	—	—	30	14	,,
		Profil Qu. 167–367 (1.–2. Sohle)	15	,,	—	—	43	—	—	—	27	—	,,
		Profil Qu. 169–369 (1.–3. Sohle)	19	,,	—	—	50	21	—		16	—	,,
	Stechberg (im Streichen der Struktur)	Profil Qu. 171,9 km nach SE (1.–2. Sohle)	15	,,	±0,59	32	61	—	±6	8	16	—	,,
		Profil Qu. 371	48	Riß mit Mächtigkeitsisolinien, Probenabstand 4 m	±0,5	14	47	—	—	—	—	—	,,
		Profil Qu. 168 (Oberfläche bis 250 m)	79	,,	±0,39	11–15 / 13	50–65 / 57	—	—	—	—	—	,,
Steinbach (Floßberggang)	Rohstoffkörper I + II (im Streichen)	60 m-Sohle	53	Proberiß, Probenabstand ca. 5 m	±0,36	13–18 / 16	48–65 / 57	7	±4,1	6–7 / 7	22–24 / 23	—	nur Erzintervall
		100 m-Sohle	58	,,	±0,25	10–13 / 12	39–49 / 44	—	±4,7	7–8 / 8	26–31 / 28	—	,,
		140 m-Sohle	64	,,	±0,39	11–14 / 13	45–58 / 51	—	±1,3	2	7–8 / 8	—	,,
	Rohstoffkörper III (im Streichen)	60 m-Sohle	50	,,	±0,16	8–10	29–34 / 31	—	±4,4	7–8 / 8	26–31 / 28	—	,,
		100 m-Sohle	55	,,	±0,29	10–14 / 12	42–54 / 48	—	±2,4	3–4 / 4	13–14 / 14	—	,,
		140 m-Sohle	39	,,	±0,62	12–16 / 14	40–53 / 46	—	±2,7	4	13–15 / 14	—	,,
	Rohstoffkörper I–IV (im Streichen)	60 m-Sohle	121 / 116	teilweise interpoliert, Proberiß, Probenabstand ca. 10 m	±0,19	9–12 / 11	55–69 / 60	—	±3,7	7–8 / 8	36–42 / 39	19	Erz- und Nichterz-intervalle
		100 m-Sohle	128 / 113	,,	±0,17	8–9 / 9	46–54 / 50	17	±3,6	6–7 / 7	34–40 / 37	—	,,
		140 m-Sohle	73 / 62	,,	±0,42	12–16 / 14	51–67 / 59	17	±3,2	5	20–22 / 21	—	,,
		60–140 m-Sohle insgesamt	322 / 291	,,	±0,15	7–8 / 8	58–67 / 62	—	±2,2	4	34–36 / 35	—	,,

Tabelle (2. Fortsetzung)

1	2	3	4	5	6	7	8	9	10	11	12	13	14
Steinbach (Floßberggang)	Rohstoffkörper I (im Fallen)	Profil (400—250 m NN)	16	ebenfalls, Probenabstand ca. 5 m	—	—	45	—	—	—	16	—	Erz- und Nichterzintervalle
	Rohstoffkörper II (im Fallen)	Profil 425—220 m NN	36/28	ebenfalls, Probenabstand ca. 5 m	—	—	52	—	—	—	13	—	,,
	Rohstoffkörper III (im Fallen)	Profil 450—260 m NN	36	,,	—	—	36	—	—	—	15	—	,,
Hühn $BaSO_4 + CaF_2$	Turmgang (im Streichen)	Talsohle	79/70	Proberisse, Probenabstand ca 10 m.	±0,23	11—14/13	49—63/56	28	±2,9	4	16—18/17	—	,,

ungleichmäßiger Verteilung. Da dieser Koeffizient am deutlichsten die Veränderungen eines Parameters kennzeichnet, wird er als eines der Kriterien für die Einstufung industriell genutzter Lagerstätten in drei Gruppen gemäß der Klassifikation der StVK verwendet (I = V bis 40%, II = V 40—100%, III = V > 100%).

Um den Charakter der Veränderlichkeit zu verdeutlichen, kam die Methode der gleitenden Durchschnitte (des gleitenden Fensters — 3 Proben je Fenster) nach Kallistov zur Anwendung. Sie besteht in einer mehrfachen (in diesem Falle zweifachen) Glättung der Ausgangswerte. Aus den durch die zweifache Glättung erhaltenen Werten ergibt sich nach Anwendung der Formel

$$\sigma^2_{\text{zufällig}} = \frac{\Sigma (x'' - x)^2}{n}$$

x'' — zweifach geglätteter Wert

die zufällige Streuung, die den Grad der zufälligen Veränderlichkeit charakterisiert, während die Reihe der geglätteten Werte selbst eine gesetzmäßige Veränderlichkeit widerspiegelt, deren zugehörige Streuung sich aus der Differenz der Streuung der Ausgangswerte und den geglätteten ergibt:

$$\sigma_0^2 - \sigma^2_{\text{zufällig}} = \sigma^2_{\text{gesetzmäßig}}$$

Zufällige und gesetzmäßige Veränderlichkeit lassen sich graphisch in einer Regressionskurve darstellen, wobei die Kurve selbst Ausdruck der gesetzmäßigen und die Abweichung jedes Ausgangswertes von der Regressionskurve Ausdruck der zufälligen Veränderlichkeit ist. In der Praxis treten meistens beide im sogenannten Mischtyp auf.

Da der Variationskoeffizient eine Vektorgröße ist, die von der räumlichen Lage abhängt, liefern seine Berechnungen im Streichen, Fallen und in der Mächtigkeit des Rohstoffkörpers zusätzliche Fakten über die Besonderheiten einer Lagerstätte. Alle Berechnungen — Mittelwerte für Mächtigkeit und Gehalt im Streichen und Fallen, Variationskoeffizienten der Gesamt- und teilweise der zufälligen Veränderlichkeit — wurden mit 95%iger Wahrscheinlichkeit und mit Angabe des möglichen absoluten und relativen Fehlers (nach der Formel: $\lambda = \frac{t \cdot \sigma}{n}$) der ermittelten Werte vorgenommen (Tabelle).

Schlußfolgerungen, die sich aus den Werten der Tabelle für die untersuchten Strukturen ergeben:

- In allen Strukturen übersteigt die Veränderlichkeit der Mächtigkeit die der Gehalte (Variationskoeffizient für die Mächtigkeit 31 bis 71%, für den Gehalt 8 bis 46%).
- In allen Strukturen übertrifft die gesetzmäßige Veränderlichkeit für Mächtigkeit und Gehalt stark die Werte der zufälligen.
- Die Veränderlichkeiten zwischen den Strukturen Ilmenau, Steinbach, Hühn und ihrer Teilgebiete ändern sich im Streichen wie im Fallen nicht wesentlich.
- Die Gesamtveränderlichkeit der Mächtigkeit im Streichen der Rohstoffkörper liegt auf der Struktur Ilmenau höher (48 bis 64%) als auf der Struktur Steinbach (31 bis 57%); die Veränderlichkeit der Gehalte hingegen bleibt ungefähr gleich.
- Die Gesamtveränderlichkeit von Mächtigkeit und Gehalt (unter Berücksichtigung der Erz- und Nichterzintervalle) ist bei ungefähr gleichen relativen Fehlergrenzen auf allen in

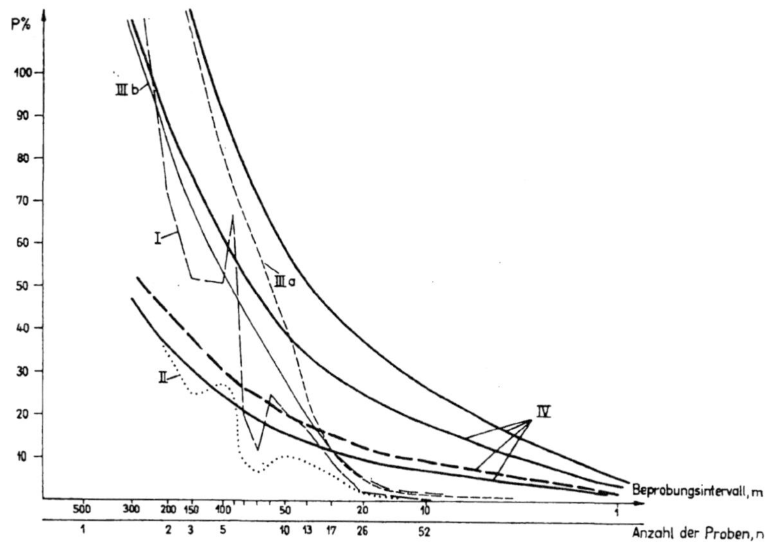

Abb. 1. Abweichung von der mittleren Mächtigkeit in Abhängigkeit vom Beprobungsintervall (neuer Tiefstollen; Gang Gehren)

I – maximale Abweichung nach Ergebnissen der Auslassungsmethode; II – mittlere Abweichung nach Ergebnissen der Auslassungsmethode; III – Kurven der theoretisch möglichen max. Abweichungen bei $V = 60-70\%$: IIIa – mit der aufgeschlossenen Mächtigkeit, IIIb – nach Ausgleichung der übergroßen Mächtigkeiten; IV – theoretische Abweichung nach der Formel $P = \frac{V \cdot t}{\sqrt{n}}$

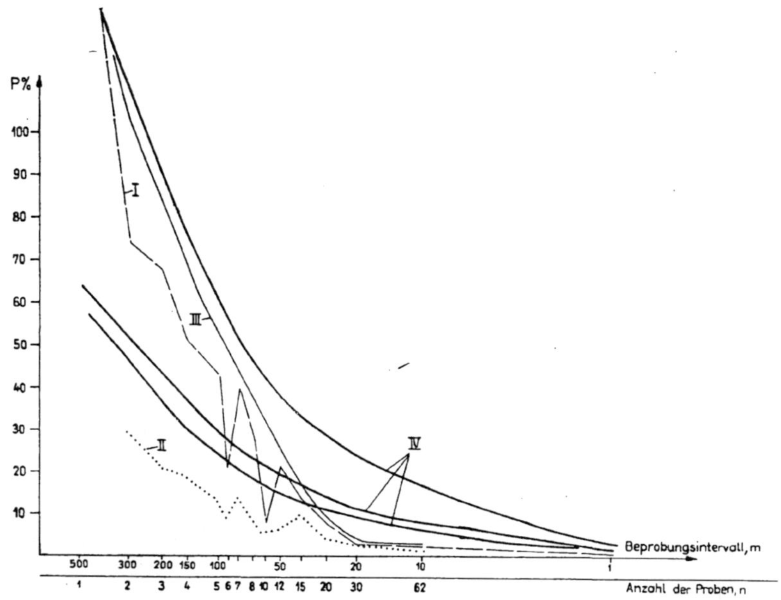

Abb. 2. Abweichung von der mittleren Mächtigkeit in Abhängigkeit vom Beprobungsintervall (1. Sohle; Gang Gehren)
–I, II, III und IV s. Abb. 1

diesem Zusammenhang untersuchten Gängen im Streichen etwa gleich, hingegen weist die Struktur Steinbach im Fallen eine größere Gleichmäßigkeit auf (Variationskoeffizient für Mächtigkeit 36 bis 52%; für Gehalt 13 bis 16%) als die Struktur Ilmenau (43 bis 66% und 16 bis 30%).

– Die errechneten Werte der Variationskoeffizienten aus Angaben von Proberissen, Rissen mit Isolinien für Gehalt und Mächtigkeit stimmen überein.
– Es besteht keine direkte Abhängigkeit zwischen der Veränderung der zufälligen und der Gesamtveränderlichkeit.

Die Werte der Variationskoeffizienten für die Lagerstättenparameter ergeben im Zusammenhang mit den geologischen Fakten eine Zuordnung der Lagerstätten nur zur Gruppe II der Klassifikation der StVK, trotz langaushaltender Lagerstättenerstreckung. Das starke Vorherrschen der gesetzmäßigen Veränderlichkeit erfordert deren genaue Untersuchung, um zu einer glaubhaften Einschätzung der Vererzungsparameter zu gelangen, d. h., es müssen die Grenzen und die Mittelwerte der halben Wellenlänge ($\lambda/2$) der gesetzmäßigen Veränderlichkeit, ihre Periodizität, der Unterschied der Extremwerte, die Geschwindigkeit der Veränderung der unbeständigsten Parameter usw. bestimmt werden. Unter Berücksichtigung der Veränderlichkeit sollte die Differenz der halben Wellenlänge zur Korrektur der Erkundungsdichte auf den verschiedenen Lagerstätten benutzt werden. In frühen Erkundungsstadien kann die gesetzmäßige Veränderlichkeit am besten mit einem gleichmäßigen Aufschlußnetz, das aber zur Ermittlung der zufälligen Veränderlichkeit nicht notwendig ist, bestimmt werden. Die Kenntnis von Grad und Charakter der Veränderlichkeit dient der Anwendung der richtigen Erkundungsmethodik.

Bei der Fehlerbetrachtung einer Vorratsberechnung ist neben der Berücksichtigung der Fehler der Berechnungsmethode sowie technischer und Bestimmungsfehler die Gesamtabweichung (P) der einzelnen Parameter von ihren Mittelwerten zu beachten. Sie erfolgt nach der Formel:

$$P = \sqrt{P_s^2 + P_m^2 + P_c^2 + P_d^2}\ \%$$

P_s – Abweichung der Flächenbestimmung,
P_m – Abweichung der Mächtigkeitsbestimmung,
P_c – Abweichung der Gehaltsbestimmung,
P_d – Abweichung der Raumgewichtsbestimmung.

Durch die Methode der folgerichtigen Auslassung wurde am Beispiel des Stechbergmittels die Einschätzung der Ge-

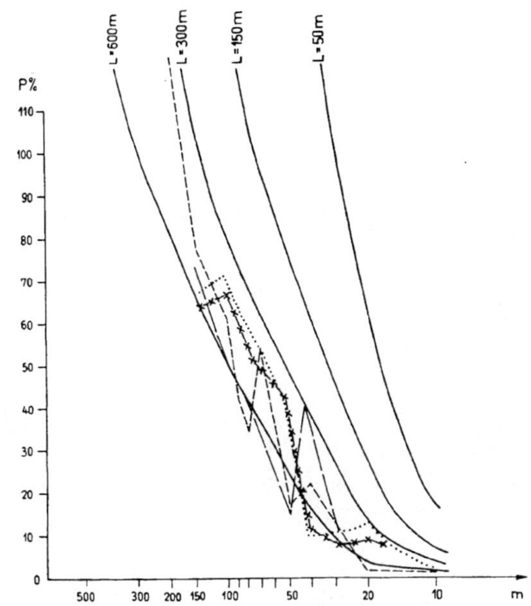

Abb. 3. Theoretisch mögliche maximale Abweichungen von der mittleren Mächtigkeit in Abhängigkeit von der Erstreckung (L) des Ganges und den Probenabständen

Die 4 Kurven ohne Längenangabe charakterisieren die theoretisch möglichen Abweichungen bei den verschiedenen Berechnungsvarianten am Beispiel eines 300 m langen Rohstoffkörpers (1. Sohle/Gang Gehren)

nauigkeit der mittleren Mächtigkeit, dem unbeständigsten Parameter, vorgenommen. Als Vergleichsgröße diente das arithmetische Mittel der Mächtigkeiten aus den Abbaubeprobungen, anhand von Werten aller 10 m (± 3 bis 4 m). Die Auslassung wurde folgerichtig durch Entnahme jeder 2., 3., 4., 5. ... Messung durchgeführt, d. h. mit einem Probenabstand von 20, 30 40, 50 ... m. Nach den Formeln

$$\overline{m}_i = \frac{\Sigma m_i}{n} \quad \text{und} \quad P_i = \frac{\overline{m}_i - \overline{m}}{\overline{m}}$$

konnten für jede Variante das arithmetische Mittel ($\overline{m}_i$) und anschließend seine Abweichung (P_i) von der Vergleichsgröße, der mittleren Mächtigkeit der Ausgangswerte ($\overline{m}$), bestimmt werden. Aus der Gesamtheit aller Abweichungen ein und desselben Auslassungsgrades ergab sich mit Hilfe der arithmetischen Mittelwertsbildung die mittlere Abweichung jeder Variante. Die erarbeiteten Graphiken (Abb. 1 und 2) aus der mittleren maximalen theoretischen Abweichung sowie der ihnen entsprechenden Probenabstände (bzw. Probenanzahl) zeigen, daß der Verlauf der Kurve der tatsächlichen Abweichungen sich dem einer Hyperbelfunktion zufriedenstellend nähert. Allerdings wird mit Vergrößerung des Abstandes der Meßwerte die Abweichung nicht kontinuierlich größer, sondern schwankt in einem bestimmten Intervall, das durch Größe des Variationskoeffizienten und durch eine Vielzahl zufälliger Fehler bei der Zusammenstellung der Ausgangswerte charakterisiert wird. Die theoretisch mögliche Abweichung für verschiedene Wahrscheinlichkeiten kam durch Anwendung der Formel der mathematischen Statistik $P = \frac{V \cdot t}{\sqrt{n}}$ % zur Darstellung.

P — Abweichungswert von der Vergleichsgröße, %,
V — Variationskoeffizient, im Beispiel 64% für Mächtigkeit,
n — Anzahl der Messungen (Proben) im Ausgangsnetz,
t — Wahrscheinlichkeitskoeffizient für die Varianten 0,5; 0,8; 1; 2; 3.

Wie im linken Teil der graphischen Darstellung (Abb. 1 und 2) zu erkennen ist, nähern sich hier die Kurven der tatsächlichen maximalen und mittleren Abweichungen den theoretischen Kurven mit $t = 0{,}8$ (0,5) und $t = 2$, während im rechten Teil durch die Einflußnahme der gesetzmäßigen Veränderlichkeit die Kurven deutlich auseinandergehen. Daraus erklärt sich, daß sich die Formeln der mathematischen Statistik, um gesetzmäßige Veränderlichkeiten weitestgehend auszuschließen, in der Praxis nur für zufällige Größen anwenden lassen.

Die Parameter einer Lagerstätte sind dann als zufällige Größen zu bezeichnen, wenn es sich um ein weites (im Beispiel bis 200 m) Probennetz handelt. In diesem Falle kann die o. a. Formel mit den Werten $t = 2$ (0,95) und $t = 0{,}8$ (0,58 Wahrscheinlichkeit) eingesetzt werden. Rücken die Beobachtungspunkte unter 150 bis 200 m zusammen, fließt bereits die gesetzmäßige Veränderlichkeit ein. Die Kurven zeigen, daß bei einem Abstand der Probenahmepunkte von 50 m die maximale Abweichung von der mittleren Mächtigkeit der Ausgangswerte als Vergleichsgröße 25 bis 28% und die mittlere Abweichung 13 bis 15% beträgt. Bei langgestreckten Rohstoffkörpern (> 400 m) ist die Verdichtung auf 10 m ausreichend. Mit Änderung von Erstreckung und Mächtigkeit wechselt der Charakter der Kurven (Abb. 3 und 4), wobei die allgemeine Tendenz der Kurven erhalten bleibt. Für eine bessere Genauigkeitseinschätzung der Parameter einer Struktur erweist sich deshalb die Entwicklung mehrerer Graphiken als zweckmäßig. Berücksichtigt man, daß sich die Variationskoeffizienten im Streichen und im Fallen nicht wesentlich unterscheiden, also der Beobachtungspunkt (z. B. eine Bohrung) eine bestimmte Fläche charakterisiert, kann für die gegebene gleichseitige Fläche die Fehlerbestimmung der Parameter nach der Formel der mathematischen Statistik $\left(P = \frac{V \cdot t}{\sqrt{n}}\right)$, um das 1,41-fache $\left(\sqrt{n}\right.$ bei $n = 2$, Anzahl der gleichen Parameter der Einschätzung$\left.\right)$ vergrößert, erfolgen.

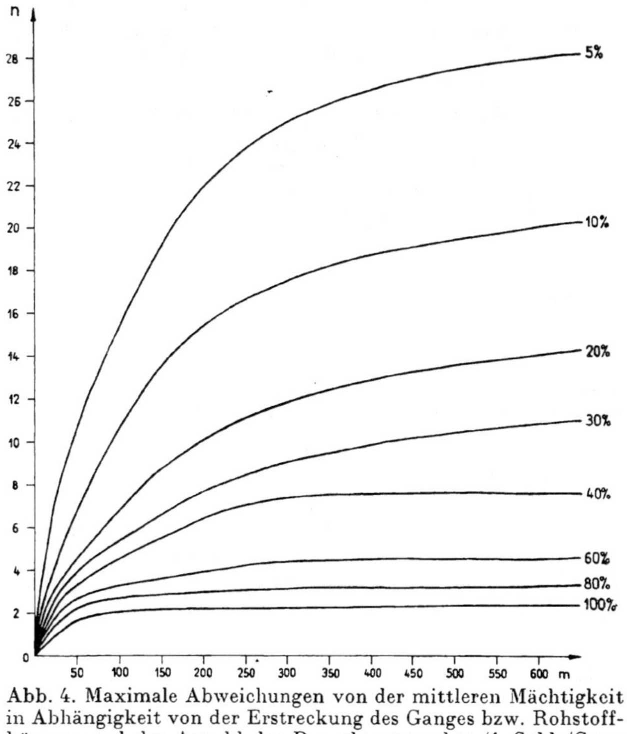

Abb. 4. Maximale Abweichungen von der mittleren Mächtigkeit in Abhängigkeit von der Erstreckung des Ganges bzw. Rohstoffkörpers und der Anzahl der Beprobungspunkte (1. Sohle/Gang Gehren)

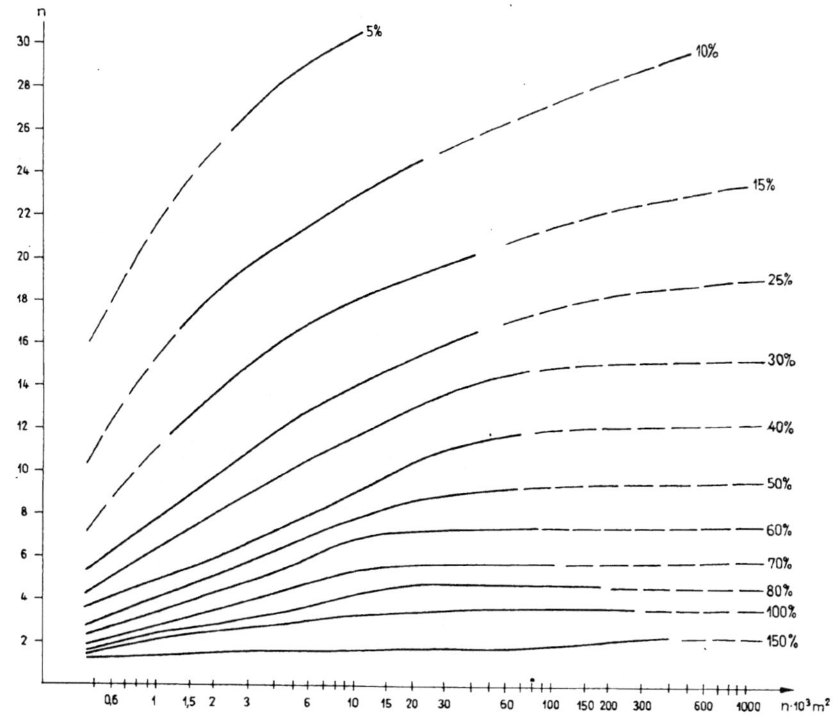

Abb. 5. Maximale Abweichung von der mittleren Mächtigkeit in Abhängigkeit von der Gangfläche und der Anzahl der Durchstichpunkte in einem quadratischen Beobachtungsnetz am Beispiel des Stechbergmittels

So ist es möglich, von der Größe der Abweichung der Mächtigkeit auf einer Sohle eine Einschätzung der Abweichung für den gesamten Block zu geben. Die maximale Abweichung von der mittleren Mächtigkeit eines Blockes von 600 m Länge und 50 m Höhe beträgt demnach analog den Werten des Stechbergmittels 35—39% (ergibt sich aus 25% · 1,41 bzw. 28% · 1,41), die mittlere 18 bis 20% (ergibt sich aus 13% · 1,41 bzw. 15% · 1,41). Mit Änderung der Fläche und der Anzahl der Aufschlußpunkte (Dichte des Erkundungsnetzes) ändert sich wesentlich (Abb. 5) die Abweichung der Parameterbestimmung, deshalb ist die Konstruktion entsprechender Graphiken für eine Struktur unerläßlich. So zeigt das in Abb. 5 dargestellte Diagramm am Beispiel des Stechbergmittels die Abhängigkeit der maximalen Mächtigkeitsabweichung von der Fläche der Rohstoffkörper und der Anzahl der Durchstichpunkte in einem quadratischen Erkundungsnetz.

Für die Berechnung der Abweichungen in einem Block mit ungleichen Seitenlängen ändert sich nichts an der Methode.

Die Ermittlung erfolgt nach der Formel:

$$P = \sqrt{P^2_{\text{Streichen}} + P^2_{\text{Fallen}}}\ \%$$

$P_{\text{Streichen}}$ und P_{Fallen} sind Abweichungsparameter im Streichen und im Fallen bei vorgegebener Erkundungsdichte.

Die Gesamteinschätzung der Genauigkeit für die Vorratsberechnung einer Struktur ergibt sich aus den Einschätzungen der einzelnen Rohstoffkörper.

Durch die Ermittlung der aufgeführten Abweichungsparameter und Konstruktion der entsprechenden Graphiken kann die Genauigkeit einer Vorratsberechnung operativ eingeschätzt werden.

Zusammenfassung

Bei der Bearbeitung von mehr als 2500 Messungen an Rohstoffkörpern industrieller Fluoritlagerstätten des Thüringer Waldes wurde festgestellt, daß die Veränderlichkeit der Mächtigkeit größer als die der Gehalte ist. Für die Begründung der Methode geologischer Untersuchungsarbeiten ist es notwendig, die überwiegende Rolle der gesetzmäßigen gegenüber der zufälligen Veränderlichkeit zu beachten. In konkreten Beispielen wird der Charakter der Veränderung des möglichen Fehlers für die mittlere Mächtigkeit des Rohstoffkörpers in Abhängigkeit von der Dichte des Netzes von Beobachtungspunkten dargestellt. Die Anwendung der methodischen Prinzipien ermöglicht die operative Einschätzung der Genauigkeit von Vorratsberechnungen.

Резюме

При обработке более 2500 измерений сырьевых тел промышленных флюоритовых месторождений Тюрингского леса установлено, что изменчивость мощности больше чем содержания. Для обоснования метода геологических исследовательских работ необходимо принимать во внимание преобладающую роль закономерной по сравнению со случайной изменчивости. Конкретными примерами изображается характер изменения возможной ошибки для средней мощности сырьевого тела в зависимости от плотности сети точек наблюдения. Применение методических принципов позволяет оперативную оценку точности подчетов запасов.

Summary

During the study of more than 2,500 measurements of raw material bodies of industrial fluorite deposits of the Thuringian Forest it was found that the variability of the thickness is greater than that of the contents. A foundation of the method of geological exploration work requires to observe the prevailing role of the regular variability compared with that of the accidental one. Concrete examples serve to show the character of a variation of the possible error for the mean thickness of the raw material body as dependent on the density of the net of observation points. An application of the methodical principles makes it possible to estimate the accuracy of calculations of reserves operatively.

Literatur

SMIRNOV, V. J.; PROKOFEV, A. P. u. a.: Vorratsberechnung von Rohstofflagerstätten. — Moskva: Gosgeoltechisdat. 1960 (russ.).

Klassifikationen, Instruktionen und Richtlinien der Zentralen Vorratskommission für mineralische Rohstoffe der DDR, 1964.

Möglichkeiten der Verfolgung dünnschichtiger Medien durch Magnetfelder gezielter Stromeinspeisungen

PORSTENDORFER, G., Freiberg

In der Kohlenwasserstofferkundung spielt der Nachweis lithofazieller Änderungen in relativ dünnschichtigen Medien eine zunehmende Rolle. Auch in der Erzerkundung gilt das Interesse der Geowissenschaftler der Verfolgung relativ dünnschichtiger stratiformer Lager. In beiden Fällen sind es also dünnschichtige, relativ gutleitende Medien, deren Konfigurationen sich für die Strombündelung eingespeister Ströme günstig erweisen, weil sie der Beschränkung des elektrischen Analogons des aus der Magnetik bekannten „Entmagnetisierungsfaktors" nicht unterworfen sind. Die Stromdichteverstärkung in diesen Medien erfolgt innerhalb gewisser Grenzen entsprechend dem Quotienten zwischen den Leitfähigkeiten von Innen- und Außenraum.
Im Folgenden werden die Ergebnisse einiger Modellversuche im elektrolytischen Trog mitgeteilt, die unter Nutzung einer von WIRSCHING (1975) zusammengestellten apparativen Anordnung erzielt wurden.

1. Modellierung einer Stromeinspeisung in einer Tiefbohrung zur Verfolgung einer sich lithofaziell niederohmig abzeichnenden Zone

Zunächst sei darauf hingewiesen, daß die Stromeinspeisung in einem vertikalen Bipol in einer Bohrung einen günstigen Fall darstellt, weil sich die relativ starken Kabelmagnetfelder weitgehend in ihrer Wirkung aufheben, so daß die Indikationen der Strombündelung vor dem Hintergrund eines relativ kleinen „Normalfeldes" gemessen werden können (RABINOVIČ 1971).
Abb. 1 zeigt die Modellierungsverhältnisse in Aufsicht und Seitenansicht. Tab. 1 stellt die dazugehörigen strukturellen, petrophysikalischen und Einspeisedaten für das Modell und die ihnen entsprechenden Verhältnisse in der Natur dar. Abb. 2 zeigt die gemessenen Verläufe der magnetischen Horizontalkomponenten senkrecht zum Streichen auf Profilen senkrecht zum Streichen in verschiedenen Abständen von der Bohrung. Der Verlauf der zu erkundenden niederohmigen Zone projeziert sich dabei auf die Erdoberfläche durch das Maximum der Horizontalkomponente. Das Maximum wird um so breiter, je weiter das Meßprofil von der Bohrung entfernt ist. Die Absolutbeträge der zu erwartenden Magnetfelder in der Natur hängen von der Stärke des eingespeisten Stroms ab. Dabei gilt auf jeden Fall

$$|Hy_{max}| < \frac{I\,[A]}{t\,[m]} \cdot 200 \text{ nT}$$ (Fall der totalen Aufnahme des Stroms durch den „Störkörper")

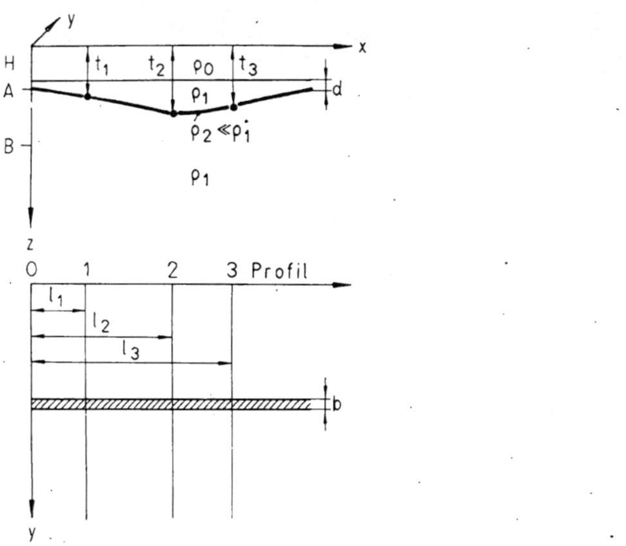

Abb. 1. Seitenansicht (oben) und Aufsicht (unten) zur Modellierung von Stromeinspeisungen in eine Tiefbohrung

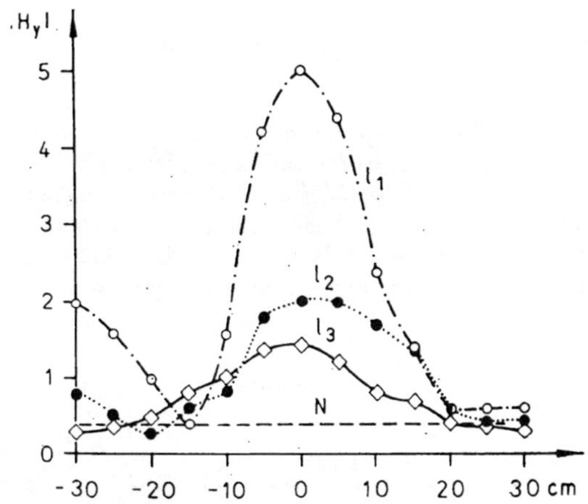

Abb. 2. Ergebnisse der Magnetfeldkartierung zu Abb. 1 auf 3 Profilen senkrecht zum Streichen relativ zum „Normalfeld" N. 10 cm Modell ≙ 1 km Natur. Störkörperprojektion auf Erdoberfläche bei 0 cm

Bei eingespeisten Stromstärken < 10 A und Erkundungstiefen > 2 km erkennt man, daß die zu erwartenden Effekte

Tab. 1. Strukturelle, petrophysikalische und Einspeisedaten im Modell und mit den entsprechenden Größen in der Natur

	Modell	Natur
H	12 cm	1,2 km
AB	20 cm	2 km
t_1	15 cm	1,5 km
t_2	22 cm	2,2 km
t_3	20 cm	2,0 km
d	2 mm	20 m
b	3 cm	300 m
l_1	20 cm	2 km
l_2	50 cm	5 km
l_3	72 cm	7,2 km
ϱ_1	0,03 $\Omega \cdot$ m	30 $\Omega \cdot$ m
λ_1	5,5 m	55 km
T	10^{-4} s	10 s
$\varrho_0\varrho_2 \ll \varrho_1$	∞	∞

Eingang des Manuskripts in der Redaktion: 21. 2. 1979.

unter 1 nT liegen, wobei man durchaus mit „Meßeffekten" in der Größenordnung von nur 10^{-3} nT rechnen muß. Sie müssen also vor dem „Störpegel" magnetotellurischer Variationen gemessen werden. Da aber die Stromeinspeisungsimpulse ständig wiederholt werden können, bietet sich die Aussicht ihrer Eliminierung auch in einem relativ großen Störpegel, wenn man über genügend empfindliche magnetische Aufnahmeelemente (Magneto-Tellurik-Spulen, SQUID-Magnetometer) verfügt.

2. Modellierung einer Stromeinspeisung in eine stratiforme Vererzung

Die Aufsicht der Stromeinspeisung in eine gutleitende stratiforme Vererzung, die unter 50° zur Erdoberfläche einfällt, zeigt Abb. 3, Tab. 2 die Modellierungsdaten und die ihnen entsprechenden Verhältnisse in der Natur. Abb. 4 zeigt die Ergebnisse des Verlaufs der horizontalen Magnetfeldkomponenten senkrecht zum Streichen auf drei Profilen.

Tab. 2. Gegenüberstellung von Modellierungsdaten und natürlichen Verhältnissen

	Modell	Natur
AB	20 cm	2 km
l_1	22 cm	2,2 km
l_2	30 cm	3 km
l_3	60 cm	6 km
ϱ_1	0,03 m	30 m
λ_1	5,5 m	55 km
T	10^{-4} s	10 s
$\varrho_2 \ll \varrho_1$		

3. Mögliche Einschränkungen der Modellversuche gegenüber den Verhältnissen in der Natur

Die bei den Modellversuchen festgestellten Indikationen dürften sicher „Maximalindikationen" darstellen, da die Bedingung ($\varrho_2 \ll \varrho_1$) $\varrho_2 < 10^{-3}\varrho_1$ in der Natur nicht immer gegeben ist. Die Anordnung des Bipols AB am Rand des elektrolytischen Troges führt u. U. zu einer Feldverstärkung gegenüber der Einspeisung im „offenen" Halbraum.

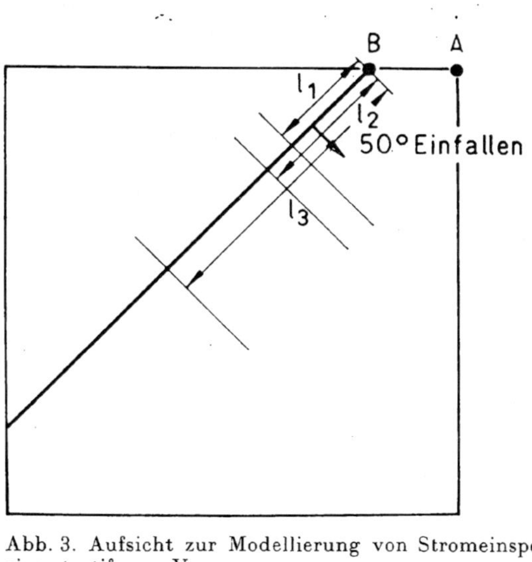

Abb. 3. Aufsicht zur Modellierung von Stromeinspeisungen in eine stratiforme Vererzung
A, B Stromelektroden

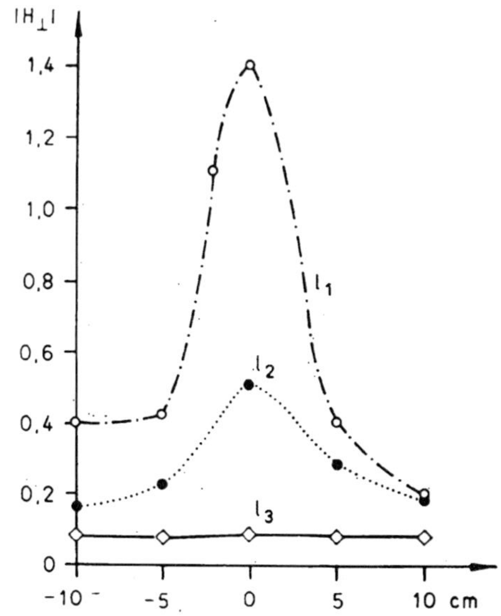

Abb. 4. Ergebnisse der Magnetfeldkartierung zu Abb. 3 auf 3 Profilen senkrecht zum Streichen. 10 cm Modell ≙ 1 km Natur. Störkörperausbiß bei 0 cm

Zusammenfassung

In der Kohlenwasserstoff- und Erzerkundung spielt die Verfolgung dünnschichtiger Medien eine zunehmende Rolle. Sie kann selbst unter hochohmiger Abschirmung durch die Magnetfelder von gezielt eingespeisten niederfrequenten Strömen erfolgen, da sich bei stratiformen Lagern günstige Strombündelverhältnisse einstellen. Durch Versuche im elektrolytischen Trog wird die gezielte Stromeinspeisung über eine Tiefbohrung in eine sich lithofaziell abzeichnende Zone und die Stromeinspeisung in ein stratiformes Erzlager in ihren magnetischen Auswirkungen modelliert.

Резюме

В разведке углеводородов и руд прослеживание тонкослойных сред приобретает все большее значение. Оно может производиться даже при высокоомной экранизации посредством магнитных полей направленной подачи низкочастотных токов, так как при стратиформых пластах возникают благоприятные условия для фокусировки токов. В опытах в электролитовой ванне моделируются направленная подача тока через скважину над литофациально выделяющейся зоной, а также проявление магнитных полей при подаче тока в стратиформный рудный пласт.

Summary

The observation of thin-film media plays an increasing role in the exploration of hydrocarbons and ores, and may even be realized under a high-ohmic screening by the magnetic fields of low-frequency currents fed in a directed way because current bundle conditions are favourable in stratiform beds. By means of tests made in the electrolytic trough the directed current feed in a well is modelled by means of a zone marked lithofacially, and a current feed in a stratiform ore bed as far as its magnetic effects are concerned.

Literatur

JAKOVLEV, A. P.: Bestimmung der Lager von Inhomogenitäten vom Typ der Erdöl-Erdgas-Lager aus dem Resultat elektrischer Sondierungen unter Ausnutzung von Bohrungen. — Razv. Geofiz., Moskva 59 (1973), S. 70.

RABINOVIČ, B. I.: Klärung der Möglichkeiten der Anwendung der Elektroerkundung für die Verfolgung und Erkundung von Erdöl-Erdgas-Lagern, die unter einer horizontalen Abschirmung verborgen sind. — In: Suche von Öl- und Gaslagern mit geophysikalischen Methoden in Westsibirien. — Tr. SNIIGGIMS, Vyp. 109, Novosibirsk (1971).

WIRSCHING, H.: Modelle für Magnetfelder von Leitfähigkeitsanomalien bei Gleichstromeinspeisung. — Freiberg: Bergakademie, Sektion Geowiss., Meldearb., 1975.

Zeitschrift für angewandte Geologie, Bd. 25 (1979), Heft 8

Frostdynamische Erscheinungen in der Braunkohlenlagerstätte Wallendorf

HÜBNER, J., Braunsbedra

Mit dem Aufschluß der Braunkohlenlagerstätte Wallendorf durch den Tagebau Merseburg-Ost im Jahre 1971 und den Braunkohlenabbau seit 1973 verfügt der Geologe über gut zugängliche geologische Aufschlüsse.

Die allgemeine geologische Situation beschrieben SPELTER (1963), PESTER (1967) und HÜBNER (1973, 1974). Anläßlich der 21. Jahrestagung der Gesellschaft für Geologische Wissenschaften der DDR besichtigte 1974 ein größerer Kreis von Geologen die Aufschlußverhältnisse des Tagebaus Merseburg-Ost und wurde vom Verf. mit den geologischen Verhältnissen vertraut gemacht.

Die noch jungen Aufschlußverhältnisse ließen damals die Entstehungsart der mit Sand und Kies gefüllten Spalten im Flözhangenden des Braunkohlenflözes Bruckdorf noch ungeklärt. Nach intensiven geologischen Beobachtungen der sich beim Abbau ständig neu ergebenden Aufschlußverhältnisse kann heute diese Frage nach glazigener oder kryogener Entstehung eindeutig beantwortet werden.

Abb. 1. Eiskeil dringt in das Flöz Bruckdorf ein (Bleistift = 12 cm)

Eingang des Manuskripts in der Redaktion: 13. 2. 1979.

Die Braunkohlenlagerstätte Wallendorf liegt, geographisch gesehen, im Gebiet der Elster-Luppe-Aue, die durch Erosion der Weißen Elster entstand. Die Weiße Elster, die sich in der Saale-Eiszeit von S kommend im Raum Leipzig mit der Mulde vereinigte und nach N in Richtung Bitterfeld floß, veränderte mit dem Saaleeiszerfall zur Spätsaaleeiszeit ihren Lauf und wendete sich von Leipzig nach W in Richtung Merseburg zur Saale.

Sie schnitt sich dabei in die älteren pleistozänen Sedimente ein und schuf ein breites Tal, indem sie in der Weichseleiszeit 6 bis 10 m Sand und Kies akkumulierte (weichselglaziale Niederterrasse nach EISSMANN 1975). EISSMANN stellte die allgemeinen Lagerungsverhältnisse in seinen Abb. 35, 40 und 50.3 dar.

Nach der weichselglazialen Ausräumung und Aufschotterung schnitten sich die holozäne Weiße Elster und Luppe in die weichselglaziale Niederterrasse ein und gaben durch Ablagerungen von geringmächtigen Kiesen und Auelehmen der Talaue ihre heutige Form. Die präweichselglaziale Ausräumung, die bis in das Niveau von etwa +90 m NN im O (Autobahn) und +75 m NN im W der Lagerstätte herabreichte, verursachte — bedingt durch die Lagerungsverhältnisse der tertiären Sedimente — im westlichen Lagerstättenteil des Baufeldes 1a über große Bereiche eine Kappung des obereozänen Braunkohlenflözes Bruckdorf um mehrere Meter (Abb. 3). Dadurch liegen weichselglaziale Schotter (in den Arbeiten von SPELTER 1963 und PESTER 1967 wird von holozänen Aueschottern gesprochen) dem Flözkörper direkt auf.

Kartierungsergebnisse des Verf. beweisen anhand zahlreicher Erscheinungen vorholozäner kryogener Prozesse eindeutig, daß die holozäne Elster und Luppe nur etwa bis in das Niveau +82/84 m NN nochmals erodiert haben. Die restlichen Kiese und Sande gehören der weichselglazialen Niederterrasse an, die im periglazialen Raum intensiven kryogenen Prozessen unterworfen war. Zeugen dafür sind die als Dauerfrostmarken auftretenden Pseudomorphosen von Eiskeilen und Eistaschen, die sowohl in das flözhangende Tertiär (im O) als auch in den Flözkörper (im W) hineinragen (Ab. 1). Die Eiskeile sind dünne Spalten und Risse oder 10 bis 60 cm breite mit Kiesen und Sanden gefüllte Keile von etwa 2 bis 4 m Länge.

Der untere Teil ist meist nur als Riß entwickelt, in den feinkörniger Sand eingewandert ist. Der Abstand der Keile zueinander ist völlig regellos, teilweise auch polygonartig, wie das Abb. 2 zeigt. Welche Einflüsse diese kryogenen Prozesse auf das Flöz Bruckdorf ausgeübt haben, zeigt Abb. 3, ein Ausschnitt aus einem makropetrographischen Flözschnitt. Besonders an der gut verfolgbaren Bitumenänderung wird die durch kryogene Einwirkungen hervorgerufene Verformung der Kohlen deutlich. Die Struktur der Kohlen wurde so stark verändert, daß von brekzienartigen Kohlen bis völlig strukturlosen Kohlen „(kaffeesatzartig") alle Übergänge zu beobachten sind. Die Kohle ist offenbar nach Frostzerfall stellenweise geflossen, und es ergeben sich Analogien zu den von EISSMANN (1978) beschriebenen frostbedingten Prozessen in der Kohle („Kohle-

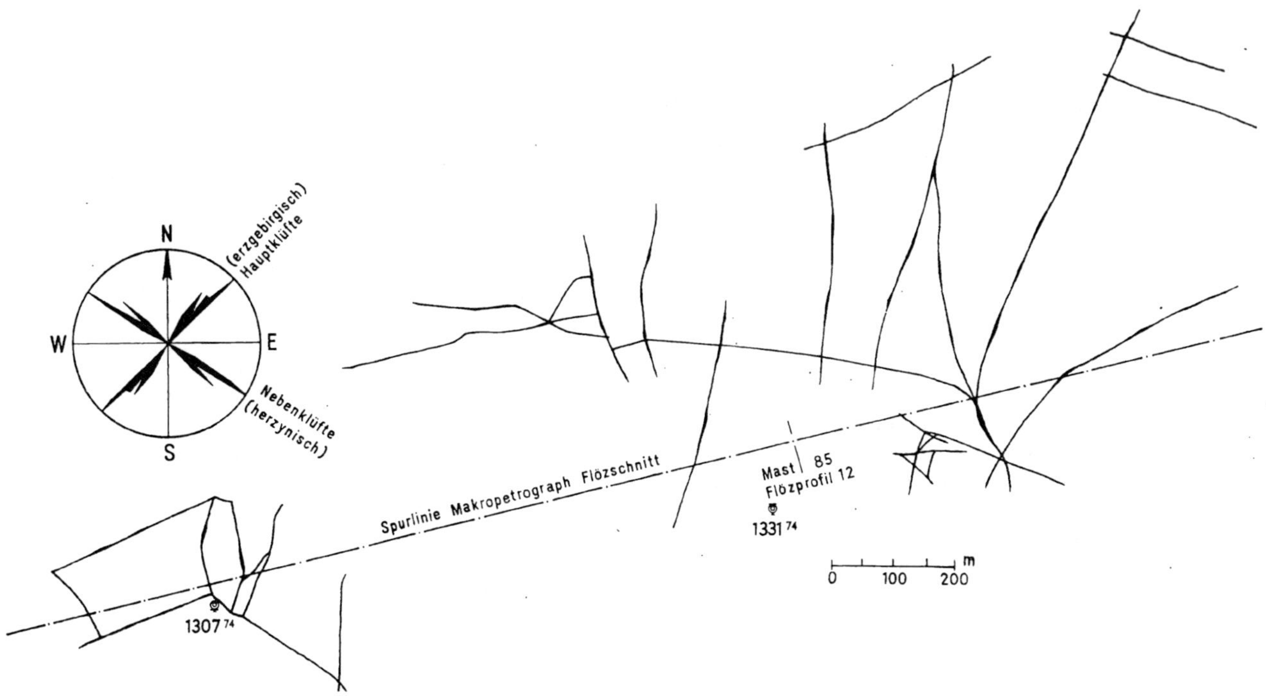

Abb. 2. Lagemäßige Darstellung der weichselglazialen kaltzeitlichen Eiskeile im Haugenden vom Flöz Bruckdorf, Stand Dezember 1977 links oben: Kluftrose im unteren Bereich des Flözes Bruckdorf (kryogen unbeeinflußter Bereich)

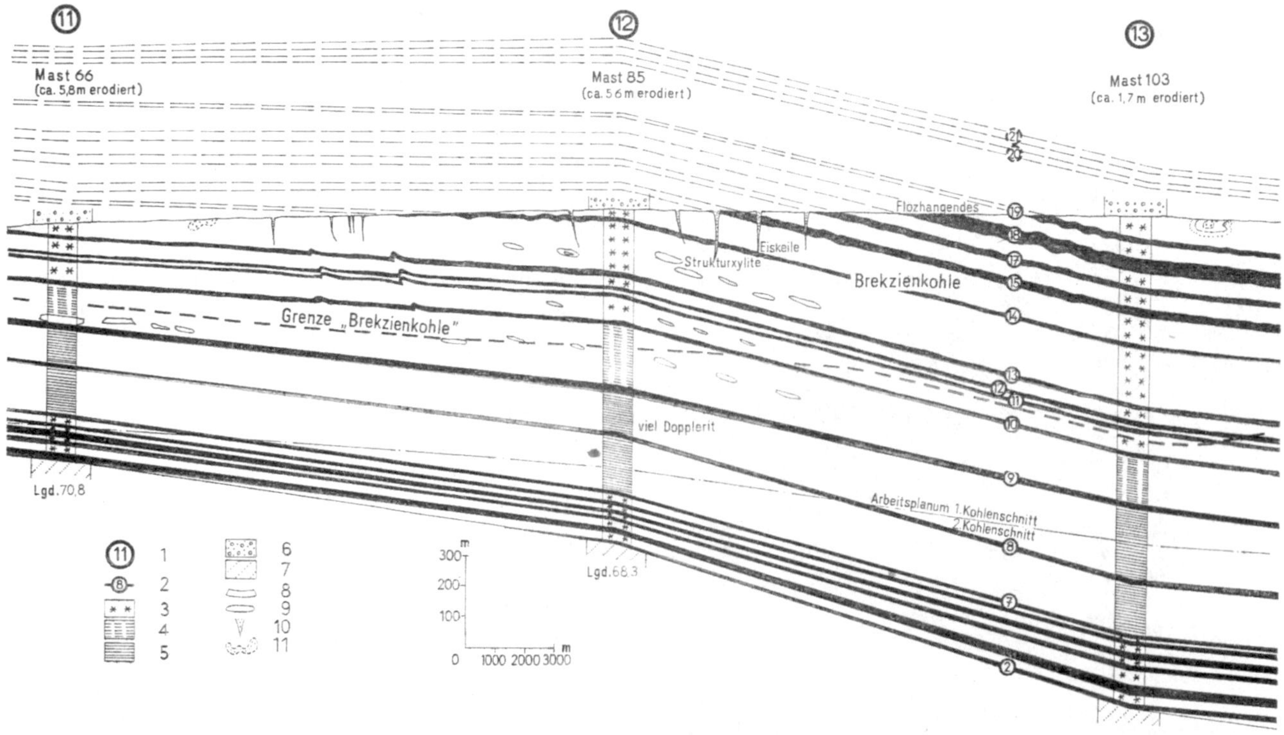

Abb. 3. Ausschnitt aus: Makropetrographischer Flözschnitt, Flöz Bruckdorf, Tagebau Merseburg-Ost, Stand Juni 1978

1 – Flözprofil-Nr., 2 – Bitumenband mit Nr., 3 – ungeschichtete Kohlen, 4 – schwach geschichtete Kohlen, 5 – geschichtete Kohlen, 6 – Weichselglazialer Kies, 7 – Schluff, 8 – Xylit, 9 – Strukturxylit, 10 – Eiskeil, 11 – Strukturboden

Zeitschrift für angewandte Geologie, Bd. 25 (1979), Heft 8

Abb. 4. Tropfen- und Girlandenböden im obereozänen Feinsand über dem Flöz Bruckdorf (Aufn. D. BRANDT, Halle)

diapirismus") in der südlichen Leipziger Bucht und dem Geiseltal.
Im östlichen Tagebaubereich sind in den verbliebenen tertiären Hangendsedimenten zahlreiche Kryoturbationserscheinungen (Tropfen- und Girlandenböden) zu beobachten (Abb. 4). Gleiche Erscheinungen schildert EISSMANN (1975) vom Tagebau Goitsche bei Bitterfeld, wo ebenfalls holozäne Auenbildungen über der weichselglazialen Niederterrasse auftreten.
Zusammenfassend läßt sich feststellen, daß die im Flöz Bruckdorf auftretenden Kies- und Sandspalten Erscheinungen kryogener Prozesse im periglazialen Gürtel des Weichselglazials darstellen. Die bisher als holozäne Aueschotter deklarierten Kiessande setzen sich aus zwei Schotterkörpern zusammen: der weichselglazialen Niederterrasse mit zahlreichen Frostmarken sowie holozänen Kiesen und Sanden der Weißen Elster und Luppe.
Da sich der Kohlenabbau nach W bewegt, wo die hangenden Tertiärschichten erosionsbedingt allmählich auskeilen und die weichselkaltzeitlichen Schotter durchgehend auf die Kohle zu liegen kommen, wird der Tagebau künftig immer stärker mit kryogenen Destruktionserscheinungen konfrontiert werden.
Auf die Schwierigkeiten, die sich durch diese kryogenen Einwirkungen für die Braunkohlengewinnung und -verwertung ergeben, haben SÜSS & KABAN (1965) für das 2. Niederlausitzer Flöz schon hingewiesen: u. a. Strukturveränderungen der Kohlen, oberflächenfeuchte und schwerer entwässerbare Kohlen, höhere Förderkohlenwassergehalte, Ballkornbildung in den Veredlungsanlagen, Verschlechterung der Brikettiereigenschaften, Verunreinigung der oberen Flözbereiche durch Eiskeile. Deshalb muß sich der Bergbau rechtzeitig auf die Beherrschung dieser Gegebenheiten vorbereiten.

Zusammenfassung

Berichtet wird über frostdynamische Erscheinungen, die durch intensive kryogene Prozesse im periglazialen Raum während des Weichselglazials entstanden und im westlichen Lagerstättenteil das Flöz Bruckdorf in Mitleidenschaft gezogen haben.
Durch Kartierungsarbeiten kann belegt werden, daß sich die Kiessande in der Elster-Luppe-Aue zwischen Leipzig und Merseburg aus zwei Schotterkörpern unterschiedlichen Alters zusammensetzen.

Резюме

Сообщается о морозодинамических явлениях, образовавшихся интенсивными криогенными процессами в перигляциальном пространстве во время вислинского оледенения и пострадающих в западной части месторождения пласт Брукдорф. Съемочными работами установлено, что галечные пески в пойме рр. Эльстер-Луппе между г. Лейпциг и г. Мерсебург состоят из двух гравийных тел различного возраста.

Summary

An account is given of dynamic frost phenomena formed by intense cryogenic processes in the periglacial region during the Weichsel glacial period and affecting the Bruckdorf seam in its western deposit part. From works made for mapping purposes could be demonstrated that the gravel sands in the Elster-Luppe flood land, between Leipzig and Merseburg, are composed of two bodies of gravel differing in age.

Literatur

EISSMANN, L.: Das Quartär der Leipziger Tieflandsbucht und angrenzender Gebiete um Saale und Elbe. – Schr.-R. geol. Wiss., Berlin **2** (1975) S. 1–263.
– Mollisoldiapirismus. – Z. angew. Geol., Berlin **24** (1978) 3, S. 130–138
HÜBNER, J.: Die Geologie der Braunkohlenlagerstätte Wallendorf – Tagebau Merseburg-Ost. – Techn. Kurzinform. KDT BKK Geiseltal, Querfurt **9** (1973) 17, S. 6–18.
– Lagerstätte Wallendorf. In: Exkursionsführer 21. Jahrestag. GGW. Berlin 1974.
PESTER, L.: Übersicht über die Braunkohlenlagerstätten im Gebiet zwischen Halle, Leipzig und Bitterfeld. – Bergbautechnik, Leipzig **17** (1967) 3, S. 113–120.
SPELTER, M.: Geologische-hydrologische Betrachtungen über das Braunkohlenvorkommen südöstlich von Halle a. S. – Bohrtechnik – Brunnenbau – Rohrleitungsbau, Berlin **14** (1968) 7, 285–294.
SÜSS, M.; KABAN, U.: Untersuchungen an einer sekundär veränderten Kohle des 2. Niederlausitzer Flözhorizontes. – Bergbautechnik, Leipzig **15** (1965) 8, S. 446–452.

VII. Allunionssymposium über Stabile Isotope in der Geochemie vom 23. 10. bis 26. 10. 1978 in Moskau (Tagungsbericht)

WAND, U.; STIEHL, G., Leipzig

Der gegenwärtig zu beobachtende Trend der zunehmenden Einbeziehung von Isotopenmethoden in die geologische Forschung und Praxis äußert sich sowohl in der steigenden Zahl wissenschaftlicher Publikationen isotopengeochemischen Inhalts (vgl. DEPCIUCH & SYLWESTRZAK 1973) als auch spezieller internationaler (a) und nationaler (b) wissenschaftlicher Veranstaltungen, die z. T. in regelmäßiger Folge stattfinden z. B.:

a) International Conference on Stable Isotopes; International Conference on Geochronology, Cosmochronology and Isotope Geology; Europäisches Kolloquium über Geochronologie und Isotopengeologie; verschiedene IAEA-Symposien über Isotopen-

Eingang des Manuskripts in der Redaktion: 5. 3. 1979.

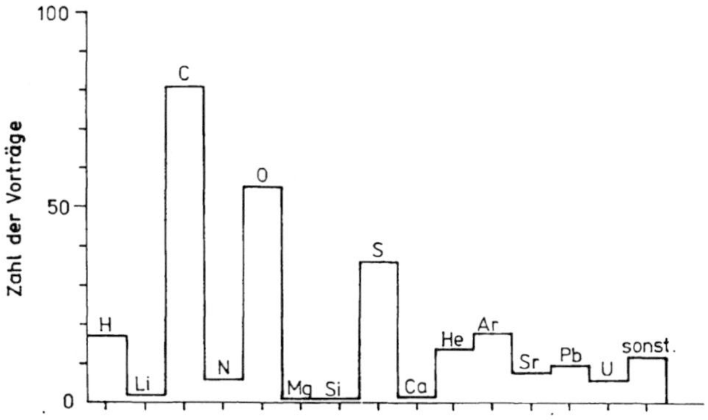

Abbildung. Häufigkeit der isotopengeochemischen Untersuchungen an Elementen

verfahren in der Hydrologie, Hydrogeologie, Geochemie und Lagerstättenforschung.

b) Allunionskonferenzen über Stabile Isotope in der Geochemie (UdSSR); Arbeitstagungen „Isotope in der Natur" (DDR); Isotopenkolloquium (DDR); Conference on Stable Isotopes in Relation to Problems of Ore Depositions (USA) u. a. m.

Unter letzteren sind die Allunionssymposien über Stabile Isotope in der Geochemie, die seit 1966 regelmäßig alle zwei Jahre in Moskau veranstaltet werden, schon zur Tradition geworden und haben international Beachtung gefunden. Im Jahre 1978 fand nunmehr das VII. Symposium dieser Art statt, das wiederum vom Institut für Geochemie und Analytische Chemie „V. I. Vernadski" der AdW der UdSSR organisiert worden war. Unter den ca. 250 Teilnehmern befanden sich auch Gäste aus dem Ausland (aus der VR Bulgarien 2 Teilnehmer, ČSSR 1, DDR 7, VR Polen 3, SR Rumänien 1, BRD 3, Kanada 1, USA 4).

Das Ziel des Symposiums bestand darin, den Informations- und Erfahrungsaustausch über neue Ergebnisse experimenteller und theoretischer Untersuchungen auf dem Gebiet der Geochemie stabiler Isotope zu fördern und Fragen zu diskutieren, die für die weitere Entwicklung der Isotopengeochemie als selbständiger Forschungszweig von Bedeutung sind. Darüber hinaus sollte der Nutzen propagiert werden, den die Isotopenmethoden bei der Lösung vielfältiger geowissenschaftlicher Probleme haben. Aus dieser allgemeinen Zielstellung leitete sich die Thematik dieser Veranstaltung ab, die sich wie folgt umreißen läßt:

- Experimentelle und theoretische Untersuchungen über die Fraktionierung der Isotope bei natürlichen Prozessen sowie unter Bedingungen, die natürliche Vorgänge simulieren;
- Untersuchung neuer Isotopieeffekte;
- Anwendung von Isotopenmethoden zur Lösung von Problemen der Planetologie, Meteoritenkunde und Kosmochemie, der Bildung der Erdkruste und des Oberen Mantels;
- Isotopenvariationen bei der Mineral- und Erzgenese;
- Isotopenuntersuchungen der Hydrosphäre und des Meeresbodens, Bildung und Evolution der Sedimenthülle;
- Stabile Isotope und Probleme der organischen Geochemie;
- Isotopenuntersuchungen zur Klärung der Entstehung und Entwicklung des Lebens; Verhalten stabiler Isotope in biologischen Systemen (Isotopenbiogeochemie).

Das Symposium vereinigte Vertreter aus Akademieinstituten, von Universitäten und Hochschulen sowie Forschungseinrichtungen der geologischen Industrie, die in Plenarvorträgen, Kurzberichten, „poster sessions" und in einem speziellen Methodikseminar über Stand und Fortschritte ihrer Forschungsarbeiten zu oben genannten Themenkomplexen der Geochemie stabiler Isotope berichteten. Dem Veranstalter waren zahlreiche Beiträge eingereicht worden, die aus Zeitgründen nicht alle dargeboten werden konnten. Von der überwiegenden Mehrzahl der eingereichten Vorträge lagen den Tagungsteilnehmern die Kurzfassungen (insgesamt 194, darunter 21 von ausländischen Teilnehmern) in einem Sammelband „Thesen der Vorträge" vor, der damit eine ausgezeichnete Informationsquelle darstellt.

Im Unterschied zu Berichten über die früheren Symposien (siehe DONCOVA 1968; DOSTAL & MAY 1969; DONCOVA 1971, 1973, 1975) verzichten wir hier auf eine Besprechung einzelner Vorträge und wollen statt dessen einige allgemeine und neue Wesenszüge des VII. Symposiums hervorheben.

Themengruppen:

- Biogene Isotopenvariationen (10 Vorträge);
- Isotope in der Erdölgasgeologie bzw. organischen Geochemie (55 Vorträge);
- Isotope in der Hydrologie und Hydrogeologie (15 Vorträge);
- Isotope und Genese von Mineralen, Gesteinen und Erzen (54 Vorträge);
- Isotopenvariationen in extraterrestrischem Material (5 Vorträge);
- Isotope in der Geothermometrie, Paläotemperaturbestimmung und Klimatologie (4 Vorträge);
- Isotopenverteilung in Diamanten (9 Vorträge);
- Isotopenverteilungen in verschiedenen natürlichen Objekten (12 Vorträge);
- Ursprung und globale Verteilungsgesetzmäßigkeiten natürlicher Isotope (6 Vorträge);
- Probenchemie und Massenspektrometrie (10 Vorträge);
- Experiment und Theorie der Isotopieeffekte (14 Vorträge).

Nach dieser Zusammenstellung entfallen über 50% der angebotenen Vorträge allein auf die beiden Themenkomplexe Erdöl- und Erdgasgeologie und organische Geochemie sowie Mineral-, Erz- und Gesteinsgenese. Die große Anzahl von Vorträgen, die Problemen der Lagerstättenbildung gewidmet waren, macht das Potential sichtbar, mit dem die UdSSR seit geraumer Zeit auf diesem Gebiet arbeitet. Bisher wurden vor allem die Untersuchungen an den Elementen O, C und S durchgeführt. Diese Untersuchungen reichen von der reinen Datengewinnung über das Studium der Isotopieeffekte sowohl am natürlichen Objekt als auch in Laborversuchen bis hin zur Interpretation und Deutung der lagerstättenbildenden Vorgänge im Hinblick auf genetische Zuordnungen. Aus einer Reihe von Vorträgen ist das Bestreben erkennbar, die Isotope anderer leichter Elemente und auch schwererer Elemente in die komplexe Untersuchung einzubeziehen. Mit Sicherheit kann gesagt werden, daß auch künftig in der UdSSR der kombinierte Einsatz der Isotope leichter Elemente zur Untersuchung grundlegender geologischer und geochemischer Prozesse der Erzlagerstättenbildung und zum Studium der Verbreitung der Elemente und ihrer Isotope eine dominierende Rolle spielen wird.

Die beachtliche Anzahl von 55 Vorträgen beschäftigte sich mit Fragen der Bildung von Erdöl- und Erdgaslagerstätten und der Genese der Gaskomponenten, insbesondere der Kohlenwasserstoffe, sowie mit Problemen der organischen Isotopengeochemie. Einen relativ breiten Raum nahmen während der Tagung Fragen der Diamantgenese ein. Ungeklärt bleibt, wie z. B. Diamanten mit $\delta^{13}C$-Werten zwischen -20 und $-32‰$ entstehen können. Laborversuche zur Synthese von Diamanten aus Graphit ergaben keine größeren Isotopenfraktionierungen, so daß die ^{13}C-armen natürlichen Diamanten möglicherweise

Krustenkohlenstoff repräsentieren. Vielleicht sind hier durch die Einbeziehung weiterer Isotope in die Untersuchung (z. B. N, Ar, He und andere Edelgase) Fortschritte möglich.
Insgesamt war die Zahl der Vorträge zu theoretischen Problemen der Isotopengeochemie sowie Modellversuchen zur Untersuchung von Isotopieeffekten sehr gering. Ein früheres Symposium, das II., im Jahre 1968, berücksichtigte speziell methodische Probleme (Probenchemie, Isotopenanalyse, Standardfragen usw.). Es muß eingeschätzt werden, daß die überwiegende Mehrzahl der Vorträge sich auf die Darstellung von Meßergebnissen über natürliche Isotopenvariationen unterschiedlicher Untersuchungsobjekte und Interpretation der Daten beschränkte. Es waren Bemühungen sichtbar, das gewonnene Datenmaterial in einen größeren Zusammenhang zu stellen und in den Rahmen globaler bzw. regionaler Prozesse einzuordnen und zu interpretieren. Hierher gehören die Tendenzen, geochemische Prozesse auf grundlegende physikalisch-chemische Prozesse zurückzuführen, die stärkere mathematische Durchdringung der Problemlösungen und die Vorausberechnung von Isotopieeffekten.
Die Fülle des Dargebotenen regt zu statistischen Erhebungen an. In der Abbildung ist graphisch dargestellt, an welchen Elementen am häufigsten isotopengeochemische Untersuchungen durchgeführt wurden. Nach diesem Histogramm dominieren eindeutig Isotopenuntersuchungen an den leichten Elementen in der Rangfolge C, O und S. Diese Tatsache ist darauf zurückzuführen, daß sich die Isotopenvariationen dieser Elemente, die zu den häufigsten in der Natur gehören, bisher als besonders nützlich zur Klärung mannigfaltiger geowissenschaftlicher Fragestellungen erwiesen haben.
Eine weitere sich auf der Tagung widerspiegelnde Tendenz ist, daß zunehmend Isotopenanalysen an mehr als einem Element ausgeführt werden — auf rund 30% der Vorträge traf dies zu — mit dem Erfolg einer Erhöhung der Aussagesicherheit. Abschließend kann festgestellt werden, daß das VII. Allunionssymposium über Stabile Isotope in der Geochemie eine ausgezeichnete Übersicht über den Stand und die Entwicklungsrichtungen der Isotopengeochemie in der UdSSR geboten hat. Die Tagung zeigte u. E. klar, welche Bedeutung Isotopenuntersuchungen gegenwärtig in der UdSSR, insbesondere bei der Suche und Erkundung von Lagerstätten fossiler Brennstoffe und mineralischer Rohstoffe und damit für die Entwicklung der Energie- und Rohstoffbasis des Landes beigemessen wird.

Literatur

DEPCIUCH, T; SYLWESTRZAK, H.: Gegenwärtiger Stand und Trends in der Isotopengeochemie und Geochronologie anhand der Analyse wissenschaftlicher Publikationen von 1960—1972. — Przeg geol., Warszawa 21 (1973) 12, S. 629—633 (poln.).
DONCOVA, E. I.: Isotopengeologie — Bericht über ein Symposium in der UdSSR. — Z. angew. Geol., Berlin 14 (1968) 10, S. 541—544.
— Stabile Isotope in der Geochemie. — Geochimija, Moskva (1971) 3, S. 366 bis 369 (russ.).
— IV. Allunionssymposium über die Anwendung stabiler Isotope in der Geochemie. — Geochimija, Moskva (1971) 6, S. 947—951 (russ.).
— V. Allunionssymposium über stabile Isotope in der Geochemie. — Geochimija, Moskva (1975) 4, S. 634—639 (russ.).
Thesen der Vorträge des VII. Allunionssymposiums über stabile Isotope in der Geochemie (23. 10. bis 26. 10. 1978). — Moskva: GEOCHI 1978.
DOSTAL, P.; MAY, F.: Zur Anwendung stabiler Isotope in der Geochemie. — Z. angew. Geol., Berlin 15 (1969) 10, S. 527—530.

Buchbesprechungen

VLASTOVSKIJ, A. M.

Teorija i praktika planirovanija geologorazvedočnych rabot (Theorie und Praxis der Planung geologischer Erkundungsarbeiten)

Moskva: Izdat. Nedra 1978. 144 S., 1 Abb., 19 Tab., 18 Lit.

Erstmalig werden die seit 1. Januar 1977 in der UdSSR gültigen Planungsdokumente für geologische Erkundungsbetriebe in eine umfassende Darstellung der Theorie und Praxis der Planung geologischer Erkundungsarbeiten einbezogen. Dadurch gewinnt dieses Buch für die Geologie der DDR besondere Bedeutung. Die Planungstätigkeit der geologischen Organisationen der UdSSR aus unterschiedlichen Ebenen, vom Ministerium bis zur Brigade, wird sorgfältig abgehandelt. Besonders herausgearbeitet werden die Wechselbeziehungen zwischen den verschiedenen Plankennziffern und ihr Einfluß auf die Erfüllung der geologischen Aufgaben. Die langjährigen Erfahrungen bei der Planung der erkundungsgeologischen Arbeiten in der Sowjetunion fließen dabei genauso in die Untersuchungen ein wie die ausführliche Analyse der Fehler, die auf diesem Gebiet in der Vergangenheit gemacht wurden sowie Vorschläge zur weiteren Vervollkommung des Planungssystems geologischer Erkundungsarbeiten.
Das vorliegende Buch, das in die Hand jedes Leiters in geologischen Erkundungsbetrieben gehört, ist als Lehrmaterial für die ökonomische Weiterbildung der sowjetischen Geologen im System des Ministeriums für Geologie der UdSSR vorgesehen. Seine Nützlichkeit auch für die Geologen und Ökonomen der DDR steht außer Zweifel. P. KRÜGER

PITEVA, K. E.

Gidrogeochimija (Hydrogeochemie)

Moskva: Izdat. Mosk. Univ. 1978. 328 S., 73 Abb., 37 Tab., Rbl. 0,90

Aufbauend auf den Monographien und Lehrbüchern der bekannten Hydrogeologen POSOCHOV sowie der regionalen hydrogeologischen Erkenntnisse von KAMENSKIJ, TOLSTICHIN, LANGE und SULIN legt die Autorin innerhalb von 10 Jahren ihr drittes Buch zur Hydrogeochemie vor. Dieses Werk stellt wegen seiner Übersichtlichkeit, seines monographischen Charakters und seiner Allgemeinverständlichkeit eine neue Qualität im Lehrbuchschaffen PITEVAS dar.
Die Autorin wendet sich mit Ausführungen zu allgemeinen, experimentellen und Klassifikationsmethoden zur Erklärung der Genese der Grundwassermineralisation vor allem an Studenten und sich hydrogeochemisch qualifizierende Fachkollegen. Besondere Aufmerksamkeit widmet sie der Migration der Elemente im Wasser und den Ursachen der Veränderung der chemischen Zusammensetzung im unterirdischen Wasser. Dabei werden sowohl geologisch-morphologische, als auch klimatische, thermodynamische und hydrodynamische Einflußbedingungen diskutiert. Hervorhebenswert ist die systematische Darstellung der verschiedenen Faktoren. Auch die Gedanken über die Rolle einzelner Haupt- und wesentlicher Neben- und Spurenelemente im Prozeß der Herausbildung der rezenten Mineralisation stellt eine Bereicherung der bisherigen Arbeiten dar. Interessant sind auch die aufgezeigten regionalen hydrogenetischen Aspekte unter humiden, ariden, Plattform- und Gebirgsbedingungen sowie in Karbonat-, Sulfat- und Salinargesteinen. Ein abschließendes Kapitel zur hydrogeochemischen Zonierung und Rayonierung unter genetischen und praktischen Aspekten rundet die Arbeit ab. Auch das knappe Literaturverzeichnis ist Ausdruck dafür, daß die vorliegende Monographie Lehrbuchcharakter trägt. R. HÄHNE

SAXENA, S. K.; BHATTACHARJI, S. (Hrsg.)

Energetics of Geological Processes

Berlin, Heidelberg, New York: Springer-Verlag 1977. XVIII und 473 S., 148 Abb., 31 Tab., DM 64,70

Der Sammelband (18 Beiträge) ist Prof. H. RAMBERG, Schweden, aus Anlaß des 60. Geburtstages gewidmet und in die Kapitel „Energetik geodynamischer Prozesse“ und „Energetik geochemischer Prozesse“ unterteilt, entsprechend den Haupt-

forschungsrichtungen, in denen sich RAMBERG besonders verdient gemacht hat. Einige Beiträge seien hervorgehoben.
Probleme der gravitativen Tektonik behandeln BELOUSSOV, der die gravitative Instabilität als die Hauptursache für endogene Vorgänge ansieht, und SUTTON & WATSON, welche die gravitative Vertikaltektonik als ein entwicklungsgeschichtliches Faktum betrachten, das mit zunehmender Krustenverdickung an Bedeutung gewann.
Eine Prognose zum regionalen Auftreten von Erdbeben geben KOIDE & BHATTACHARJI: Starke Beben entstehen danach an Störungskrümmungen und in Hebungsgebieten innerhalb von Störungszonen. MIYASHIRO behandelt Ophiolithe, deren als typisch beschriebene Abfolge von Peridotit bis Pillowlava nach seiner Auffassung in Subduktionszonen nicht auftritt.
In einem bedeutsamen Beitrag über die thermodynamische Kontrolle metamorpher Prozesse hat PERČUK aus der Kationenverteilung in koexistenten Mineralen die Partialdrucke von O_2, H_2O und CO_2 abgeschätzt. Danach hat der P_{H_2O} während der Regionalmetamorphose sein Maximum bei 4,5 kbar und nimmt im Unterschied zum CO_2-Druck mit steigendem Außendruck anschließend stark ab. Ein Wechsel im Sauerstoff-Regime erfolgt in der Erdkruste bei ca. 5 kbar, d. h. etwa im Niveau der Conrad-Diskontinuität.
WYLLIE diskutiert Probleme der Granitentstehung nach experimentellen Untersuchungen und den Theorien einer subduktiven Granitentstehung. Da die Temperaturen innerhalb der Erdkruste zu niedrig sind, um tonalitische Magmen auszuschmelzen, wird von WYLLIE eine Wärmezufuhr aus dem Mantel als nötig angesehen, eine Entstehung von Granitoiden im Erdmantel aber ausgeschlossen.
Auch die anderen Beiträge, die sich u. a. mit Zustandsgleichungen, Laborversuchen zur Oolithdeformation, Scherzonen im Eis, Deckentektonik in Schweden, Kationendiffusion bei retrograder Metamorphose beschäftigen, sind durchweg von hohem Niveau.

P. BANKWITZ

BAGRINCEVA, K. I.

Karbonatnye porody — kollektory nefti i gaza (Karbonatgesteine — Speichergesteine für Erdöl und Erdgas)

Moskva: Izdat. Nedra 1977. 231 S., 88 Abb., 55 Tab., 125 Lit., Rbl. 1,30

Gegenwärtig kommen in der UdSSR 12% der Erdölförderung aus karbonatischen Ablagerungen, im Weltmaßstab sogar fast 50%. In den letzten Jahren wuchs die Bedeutung der Karbonatspeicher durch das Auffinden großer Gaskondensat- und Erdgaslagerstätten. Suche, Erkundung und Abbau dieser Lagerstätten werden jedoch erschwert durch die Kompliziertheit des Aufbaus und der Speichereigenschaften von Karbonatgesteinen, für die eine starke Veränderlichkeit des Speichervolumens und der Durchlässigkeit charakteristisch ist.
Vorliegende Monographie befaßt sich mit der Methodik der Bestimmung der wichtigsten Bewertungsparameter von karbonatischen Speichergesteinen. Besonders eingegangen wurde auf spezifische Probleme der Hohlraumentstehung in karbonatischen Ablagerungen und die Bedeutung der Anfangsbedingungen der Sedimentation. Vom Autor wurden neue Untersuchungsmethoden des Hohlraumes erarbeitet, welche eine Einschätzung des Typs der Speichergesteine, der Inhomogenität der Entwicklung der Klüfte, ihrer Morphologie, Ausdehnung und Kluftweite erlauben. Die Einwirkung lithogenetischer und struktureller Besonderheiten, der Zusammensetzung und des Alters der Ablagerungen auf die petrophysikalischen Eigenschaften der Speichergesteine wurden untersucht, die Rolle der Geometrie des Hohlraumes bei der Formierung der Volumen- und Filtereigenschaften analysiert und empirische Abhängigkeiten gefunden.
Große Aufmerksamkeit wurde der Untersuchung der strukturellen Besonderheiten des Hohlraumes und der Klüftigkeit von Karbonatgesteinen mit Hilfe der kapillaren Durchdringung mit Lumineszenzflüssigkeit und durch die Bestimmung der akustischen Eigenschaften gewidmet. Eine Klassifikation der Speichergesteine nach der Permeabilität wird vorgeschlagen.
Eine Vielzahl von Graphiken und Photographien vervollständigen das Buch, das Erdölgeologen und Geochemikern empfohlen werden kann. Mit 125 Literaturangaben enthält die Monographie weitere Hinweise auf wichtige Arbeiten auf diesem Gebiet.

B.-A. DIERL

BIRJUKOV, V. I.; DENISOV, M. N. u. a.

Das rationelle Netz der Vorerkundung (Methodisches Handbuch)

Moskva: Izdat. Nedra 1978. 262 S., 94 Abb., 71 Tab., 35 Lit. (russ.)

Das vorliegende „Methodische Handbuch der Vorerkundung", von einem Autorenkollektiv bekannter Geologen und Ökonomen des Moskauer Instituts für Ökonomie mineralischer Rohstoffe (VIEMS) erarbeitet, basiert auf langjährigen ökonomisch-geologischen Experimenten. Der geologische Teil des Handbuchs (114 S.) umfaßt eine Beschreibung genetisch-industrieller Lagerstättentypen (schichtförmige, stockwerkartige und gangförmige Lagerstätten) von Aluminium-, Blei und Zink-, Kupfer-, Nickel-, Molybdän-, Wolfram-, Zinn- und Golderzen sowie von Flußspat und Kalkstein.
Im methodischen Teil (130 S.) werden aus praktischen Beispielen der Erkundung von Minerallagerstätten allgemeine Schlüsse für die Vorerkundung gezogen (einschließlich geophysikalischer Untersuchungsmethoden ohne Probenahme). Breiten Raum nehmen die Ergebnisse der experimentellen Analyse des Erkundungsnetzes auf verschiedene Lagerstättentypen ein. Daraus wird eine allgemeine Methodik der optimalen Erkundungsdichte bei der Projektierung und Vorerkundung abgeleitet.

P. KRÜGER

BOWMAN, M. J.; ESAIAS, W. E. (Hrsg.)

Oceanic Fronts in Coastal Processes

Berlin, Heidelberg, New York: Springer-Verlag 1978. 114 S., 84 Abb.

Der Kenntnisstand, die Probleme und Entwicklungsrichtungen einer neu entstandenen Wissenschaft, der „ozeanischen Frontologie" (eingeschlossen sind sowohl die ästuarinen Fronten als auch die der offenen Ozeane) wurden auf einer Tagung von Küstenozeanographen diskutiert.
Vorliegendes Buch gibt eine Einführung in die Frontologie und bringt anhand der Beiträge der Teilnehmer Beispiele aus den unterschiedlichsten Ozeanteilen, insbesondere aus dem Küstenbereich.
Als ozeanische Fronten können scharfe Grenzzonen (Kollisionslinien) zwischen aneinandergrenzenden Wassermassen bzw. ozeanischen Strömungen verschiedener Eigenschaften vom Meterbereich bis zu globaler Ausdehnung, in Oberflächenschichten, mittlerer Tiefe bis zum Ozeanboden verstanden werden. Sie sind durch das Auftreten von „Strukturen" biologischen sowie geologischen partikulären Materials, der Temperatur und Salinität charakterisiert, sind instabil, mäandrieren und werden von verstärkten horizontalen und vertikalen Bewegungen und Vermischungen begleitet.
Ihre unmittelbar praktische Bedeutung liegt darin, daß sie u. a.

- Zonen hoher biologischer Produktivität,
- Zonen der Konzentration schwebender, suspendierter Teilchen,
- Gebiete intensiver Bewegungen

darstellen. Die hohe biologische Produktivität läßt sie als bevorzugte Fischgründe in Erscheinung treten, andererseits bewirkt die Sammlung von schwimmendem Detritus und anderem partikulären Material auch Schadstoffanreicherungen (incl. toxische u. a. Abfälle, Schwermetalle, PCB's, radioaktive Abwässer, Öle), die möglicherweise negativ in die Nahrungskette eingreifen. Großmaßstäbliche Fronten haben wesentliche Auswirkungen auf Wetter und Klima.
Einige der aufgezeigten Hauptforschungsrichtungen bezeugen die ganze Vielfalt der Probleme:

- Klärung der zeitlichen Entwicklung, Beständigkeit und Auflösung von Frontzonen,
- Bestimmung des horizontalen und vertikalen Transportes von Verunreinigungen (Vorhersagemodelle für Ölteppichausbreitung, Abladen von Abfällen, Abwasserkanalisation u. a.),
- Untersuchung der Gefährdung für die menschliche Gesundheit (ausgehend von der Verunreinigungsaufnahme der Fische),
- Charakterisierung der Variabilität von Phytoplanktonansammlungen,
- Erarbeitung von Beprobungssystemen (einschl. in situ-Selbstanalysatoren),
- Aufstellen von Frontmodellen.

Alle diese Untersuchungen befinden sich derzeit noch im Anfangsstadium, z. T. noch in der Beschreibungsphase, rücken jedoch immer mehr in den Blickpunkt der Wissenschaft, staatlicher Organe sowie des Umweltschutzes und bedürfen mehr Beachtung, bis hin zur Schaffung geeigneter Organisationsformen.

H.-J. TAMMS

...

Exploration for Uranium Ore Deposits-Proceedings of a Symposium Vienna, 29. 3.–2. 4. 1976

Wien: Internat. Atomic Energy Agency 1976. 807 S., zahlr. Abb., Tab.

Das Symposium über die Erkundung von Uranerzlagerstätten wurde von der Internationalen Atomenergiebehörde und der Kernenergiebehörde der OECD organisiert. In dem Sammelband wurden 45 Berichte vorgelegt. Sie beschäftigen sich vorwiegend mit den vorhandenen Methoden der Uransuche und -erkundung. Dazu gehören Gammaspektrometrische Methoden aus der Luft, von Kraftfahrzeugen aus und mit Hilfe tragbarer Geräte (10 Beiträge); Boden-Methoden und die geochemische Prospektion (9 Beiträge); Nichtradiometrische geophysikalische Methoden (4 Beiträge); Erkundungsbohrungen und geophysikalische Bohrlochmessungen (5 Beiträge); Beispiele des Ablaufs der Such- und Erkundungsarbeiten (9 Beiträge); Methoden der vorläufigen Bewertung (3 Beiträge) sowie Forschung und Entwicklung auf dem Gebiet der Such- und Erkundungstechnologien (4 Beiträge). In fünf Arbeitsgruppen wurden die Ergebnisse dieses Symposiums ausgewertet. Allgemein kann hervorgehoben werden, daß die Arbeit vollkommen praxisorientiert war. Kosten-Nutzensbetrachtungen spielten eine große Rolle. Die Ergebnisse und Schlußfolgerungen sind nicht nur für die Uransuche und -erkundung von Bedeutung, sondern auch für das gesamte Gebiet der Erzerkundung. Für alle oben angeführten Methoden wurde der gegenwärtige Stand analysiert und die weitere Entwicklung beleuchtet. Zu den neuen, noch zu entwickelnden Suchmethoden, die diskutiert wurden, gehören: Bestimmung des radiogenen Blei in Dispersionshöfen, Bestimmung der radiogenen Wärme in der Umgebung von Uranlagerstätten, Heliumbestimmungen in der Atmosphäre und am Boden, Schwefelisotopenbestimmungen, remanenter Magnetismus, Geochemie radioaktiver Zerfallsprodukte vom Flugzeug aus, Uranindikatorelemente und Fernerkundung mit Hilfe von multispektralen Satellitenaufnahmen.

Das Werk vermittelt jedem Lagerstättenforscher und Erkundungsgeologen einen guten Überblick über den gegenwärtigen Stand der wissenschaftlich-technischen Entwicklung der Uransuche und -erkundung.

J. RENTZSCH

Informationen

Zu den Welterdölreserven

Die Welterdölreserven gingen von 1978 zu 1979 um 580 Mill. t (= 0,7%) auf 87,27 Mrd. t zurück. Die nachfolgende Tabelle zeigt die nachgewiesenen Erdölvorräte einiger ausgewählter Länder anteilmäßig (%) an den Gesamtweltvorräten mit dem Stand vom 1. 1. 78 und 1. 1. 79 (in 1000 t).

	1. 1. 78	%	1. 1. 79	%
Naher Osten				
Saudi-Arabien	22480000	25,7	20350000	23,2
Kuwait	9110000	10,4	9220000	10,5
Iran	8000000	9,2	8410000	9,6
Irak	4300000	4,9	4630000	5,3
Abu Dhabi (VAE)	4000000	4,6	4140000	4,7
Neutrale Zone	920000	1,1	910000	1,0
Katar	520000	0,6	730000	0,8
Syrien	350000	0,4	360000	0,4
Oman	340000	0,4	760000	0,9
Dubai (VAE)	180000	0,2	190000	0,2
Übrige	90000	0,1	90000	0,1
Gesamt	50290000	57,6	49790000	56,7
Westeuropa				
Großbritannien	2200000	2,5	2600000	3,0
Norwegen	800000	0,9	820000	0,9
Italien	90000	0,1	80000	0,1
BRD	70000	0,1	70000	0,1
Übrige	150000	0,2	130000	0,1
Gesamt	3310000	3,8	3700000	4,2

Erdöl in Mexiko

Mexiko plant, im nächsten Jahr seine tägliche Erdölförderung auf rund 300000 t zu steigern, wie von der staatlichen mexikanischen Ölgesellschaft bekannt gegeben wurde. Der Export von Öl soll auf 150000 t pro Tag erhöht werden. 60% des Exports gehen in späteren Jahren in die USA, 20% nach Japan. Gegenwärtig erhalten die USA noch 80% der mexikanischen Erdölausfuhrmenge.

Kohlenwasserstoffvorkommen im Golf von Mexiko (USA)

Die Firma Shell hat 62 km südlich der Mississippimündung von einer Bohrplattform aus damit begonnen, im Golf von Mexiko nach Erdöl und Erdgas zu bohren. Gestützt wird diese Unternehmung auf eine Fundbohrung aus dem Jahre 1975, die Erweiterungsbohrungen nach sich zog. Zwischen 1524 und 3350 m wurden öl- und gasführende Sande aufgeschlossen. Die gewinnbaren Reserven des Feldes sollen bei 15 Mill. t Öl und 14,2 Mrd. m^3 Erdgas liegen. Es ist geplant, die Förderung von Öl bis 1982 auf 6800 t/d und die Gasförderung später auf 4,2 Mill. m^3/d zu bringen.

Kohlenwasserstoffvorkommen in der BRD

In der BRD wird auf Grund der Anwendung moderner Gewinnungstechnologien mit einer Verdoppelung der gewinnbaren gegenwärtigen Erdöl- und Erdgasvorräte gerechnet. Im vergangenen Jahr verringerten sich die Vorräte an Erdgas gegenüber dem Jahr davor von 305 Mrd. m^3 auf 292 Mrd. m^3. Gefördert wurden an Erdgas und Erdölbegleitgas 1978 20,6 Mrd. m^3. Die Erdölvorräte der BRD betragen z. Z. 65 Mill. t; die jährliche Förderung liegt hier bei 5,1 Mill. t. Mit der Eigenförderung an Erdgas deckte die Bundesrepublik 1978 37% ihres Bedarfs.

Eisenerz in Italien

Eisenerzbergbau wird in Italien nur noch auf der Insel Elba betrieben, und zwar in der Tiefbaugrube Calamita und im Tagebau Rio Marina. Die Produktion liegt z. Z. bei ca. 500000 t/a. Das geförderte Hämatiterz besitzt Eisengehalte von 58%. Die Gruben von Elba haben an der Eisenerzversorgung des Landes einen Anteil von 2,8%.

Diamantenbergbau in Botswana

In Kürze wird nach Verlautbarungen der De Beers Botswana Company Pty Ltd. in Botswana die größte Diamantenmine der kapitalistischen Welt mit der Produktion beginnen. In der Grube Jwaneng sollen bis Mitte der achtziger Jahre pro Jahr 6 Mill. Karat an Diamanten gefördert werden. Bisher ist Zaire der größte Diamantenerzeuger der Welt; das Land fördert jährlich 17 Mill. Karat, zumeist Industriediamanten kleiner Körnung. An zweiter Stelle steht in der kapitalistischen Welt Südafrika mit 8 Mill. Karat. Südafrika wird in der Diamantenförderung im nächsten Jahrzehnt von Botswana überholt werden. Die Weltdiamantenproduktion eines Jahre soll schätzungsweise 50 Mill. Karat betragen.

Teersandgroßtagebau in Kanada

Das internationale Shell-Unternehmen beabsichtigt, in der kanadischen Provinz Alberta eine Großanlage zur Gewinnung der Athabaska-Teersande zu errichten. Nach vorliegenden Plänen sollen auf einem 170 km² großen Gebiet 7 Mill. t/a Rohöl und Flüssiggaskondensat gewonnen werden. Nahe der Stadt McMurray wird ein Gemisch von Schweröl und Sand im Tagebau abgebaut werden. Die Aufnahme der vollen Produktion ist für 1986 vorgesehen.

Kohlevorkommen in Pakistan

Im Zuge eines Fünfjahrplans zum Ausbau der Wirtschaft wurden 1978 die Kohlenvorräte des Landes neu eingeschätzt. Die nachfolgende Tabelle zeigt eine Zusammenstellung der pakistanischen Kohlelagerstätten nach den Provinzen des Landes.

Kohlevorkommen	Menge (Mill. t)
Provinz Belutschistan	
Sor Range-Degari	52
Khost-Shangh — Havani	40
Mach	15
Provinz Pandschab	
Salt Range	75
Makerwal-Gulakhel	19
Provinz Sindh	
Lakhra	213
Metting Jhimpir	28
Insgesamt	442

Kurznachrichten

Die **VR Polen** will ihren steigenden Energiebedarf durch Erhöhung der **Braunkohleförderung** realisieren. Es ist geplant, die Braunkohleförderung bis zum Jahr 2000 auf das 5- bis 6fache gegenüber 1977 ($41 \cdot 10^6$ t/a) zu steigern.

Nach der UdSSR verfügt der **Iran** über die größten **Erdgasreserven** der Welt. Sie betragen nach Schätzungen rund 15000 Mrd. m³. Nach Angaben der National Iranian Gas Company werden Vorräte von 23000 Mrd. m³ angenommen.

Der **Iran** förderte im Jahr 1977 282,2 Mill. t **Erdöl**; die Förderung sank 1978 auf 255 Mill. t, trotzdem stand das Land in der Ölförderung hinter der UdSSR, den USA und Saudi-Arabien noch an vierter Stelle in der Welt. Sein Anteil an der Welterdölproduktion 1978 (3,1 Mrd. t) betrug 8,3%.

Norwegen ist Eigenversorger mit **Eisenerz**. Die Fördermenge betrug 1978 3,5 Mill. t bei einem durchschnittlichen Fe-Gehalt von 63% (Fördermenge bestehend aus Konzentraten). Das Roherz, das in Tagebauen, z. B. in der Grube Rona bei Mo in Nordnorwegen, und im Untertagebau gewonnen wird, hat durchschnittliche Fe-Gehalte von 30 bis 35%.

In **Belgien** gibt es zur Zeit nur noch eine Grube — nahe der französischen und luxemburgischen Grenze —, die **Eisenerz** fördert. Das Erz ist eine Minette; seine Produktionsmenge lag 1978 bei 50000 t.

Das kürzlich offshore **Abu Dhabi** entdeckte Ölfeld wird nach vorläufigen Angaben 30 bis 40 Mill. t **Rohöl** pro Jahr liefern können. Die Ausbeutung der Lagerstätten wird von nationalen und beteiligten französischen Gesellschaften betrieben werden.

Die **Steinkohleförderung** in der **EWG** fiel 1978 gegenüber 1977 nur um 0,9% auf 238,13 Mill. t. In Großbritannien stieg die Förderung um 0,8% auf 121,7 Mill. t. 89% der Steinkohleförderung in der EWG fallen auf Großbritannien und die BRD.

Das 1971 in der **Keltischen See** (Irland) entdeckte **Erdgasfeld Kinsale** (etwa 30 Meilen von Cork entfernt) enthält fast ausschließlich reines Methan.

Auf der **philippinischen Insel Nonac** werden aus einem 1970 eingerichteten Tagebau mit US-Beteiligung jährlich 3,5 Mill. t **Nickelerze** zu 31000 t Nickelmetall und Nickel-Kobalt-Erzkonzentraten mit einen Anteil von 3000 t Ni und 15000 Co verarbeitet.

Der **österreichische Montankonzern Voest-Alpine AG** beteiligt sich auf der **Philippineninsel Luzon** an der **Chromerzgewinnung**. Das Metall wird in einem kombinierten Tief- und Tagebau am Rande des Zembales Gebirges mit jährlich 100000 t Chromerzkonzentrat produziert.

Bezugsmöglichkeiten der „Zeitschrift für angewandte Geologie"

Bestellungen sind zu richten

- in der DDR an das Postzeitungsvertriebsamt; an eine Buchhandlung oder an den AKADEMIE-VERLAG, DDR - 108 Berlin, Leipziger Straße 3—4
- im sozialistischen Ausland an eine Buchhandlung für fremdsprachige Literatur oder an den zuständigen Postzeitungsvertrieb
- in der BRD und Westberlin an eine Buchhandlung oder an die Auslieferungsstelle KUNST und WISSEN, Erich Bieber, 7 Stuttgart, Wilhelmstraße 4—6
- in Österreich an den Globus-Buchvertrieb, 1201 Wien, Höchstädtplatz 3
- in den übrigen westeuropäischen Ländern an eine Buchhandlung oder an die Auslieferungsstelle KUNST und WISSEN, Erich Bieber GmbH, CH-8008 Zürich/Schweiz, Dufourstraße 51
- im übrigen Ausland an den Internationalen Buch- und Zeitschriftenhandel; den Buchexport, Volkseigener Außenhandelsbetrieb der Deutschen Demokratischen Republik. DDR - 701 Leipzig, Postfach 160, oder an den AKADEMIE-VERLAG, DDR - 108 Berlin, Leipziger Straße 3—4.

„Zeitschrift für angewandte Geologie"

Herausgeber: Prof. Dr. KARL SCHMIDT, Direktor des Zentralen Geologischen Instituts, Berlin, im Auftrage des Ministeriums für Geologie der Deutschen Demokratischen Republik.

Chefredakteur: Prof. Dr. sc. HANS HETZER, Zentrales Geologisches Institut, Berlin.

Anschrift der Redaktion: DDR - 1054 Berlin, Kastanienallee 69 (Fernruf 2824293/2824593).

Verlag: Akademie-Verlag, DDR - 108 Berlin, Leipziger Straße 3—4; Fernruf: 2236221 u. 2236229; Telex-Nr. 114420.

Bank: Staatsbank der DDR, Berlin, Kto.-Nr.: 6836-26-20712.

Veröffentlicht unter der Lizenznummer 1279 des Presseamtes beim Vorsitzenden des Ministerrates der Deutschen Demokratischen Republik.

Gesamtherstellung: VEB Druckhaus „Maxim Gorki", DDR - 74 Altenburg.

Erscheinungsweise: Die Zeitschrift erscheint monatlich. Die 12 Hefte eines Jahres bilden einen Band. Bezugspreis je Band 144,— M zuzüglich Versandspesen (Preis für die DDR 24,— M). Bezugspreis je Heft 12,— M (Preis für die DDR 2,— M).

Bestellnummer dieses Heftes: 1047/25/8.

Alleinige Anzeigenannahme DEWAG-Werbung, DDR - 1054 Berlin, Wilhelm-Pieck-Str. 49, und alle DEWAG-Betriebe und Zweigstellen der Bezirke der DDR.

AN (EDV) 32138

Zeitschrift für angewandte Geologie 8/79

Herausgegeben vom Zentralen Geologischen Institut Berlin im Auftrag des Ministeriums für Geologie der Deutschen Demokratischen Republik
Verlag: AKADEMIE-VERLAG, 108 Berlin, Leipziger Straße 3–4

Арабаджи, М. С.; Мильничук, В. С. и др.

Опыт прогнозирования локальных структур в труднодоступных для сейсморазведки районах на основе использования математических методов и ЭВМ

Z. angew. Geol., Берлин, 25 (1979) 8, стр. 325–332, 2 илл., 1лит.

На основе применения математического аппарата для комплексной интерпретации результатов различных геолого-геофизических методов при изучении глубинного геологического строения газонефтеперспективных регионов разработаны теоретические основы методики прогнозирования локальных структур по данным гравиразведки и редкой сети сейсморазведочных профилей. Разработанная методика нашла применение в пределах Западной Якутии, где получены положительные результаты. Опыт работ говорит о целесообразности применения разработанной методики в условиях слабой и неравномерной изученности и, в частности, в области шельфа.

Бланкенбург, Х.-И.; Резлер, Х.-Ю.

Сведения о свойствах и генезисе флинта (кремня)

Z. angew. Geol., Берлин, 25 (1979) 8, стр. 333–337, 4 илл., 2 табл., 43 лит.

Предложенные в статье результаты минералого-геохомических исследований позволяют возобновить обсуждение генезиса кремня, при этом в первую очередь анализируется, высказанная в 1917 году точка зрения Тарра о конседиментационном, преимущественно неорганическом образовании.

Таммс, Х.-Й.

Плотность покрытия железо-марганцевых конкреций как функция скалярной величины влияния

Z. angew. Geol., Берлин, 25 (1979) 8, стр. 337–339, 2 илл., 4 лит.

Примененное в литературе о содержании железо-марганцевых конкреций выражение плотности покрытия более точно различается на плотность покрытия [кг м⁻²] и на степень покрытия [%]. Дается формализм, позволяющий непосредственное перечисление, если имеются данные о пространственной плотности, размерах конкреций (ситовый проход) и о формах конкреций (индекс уплотнения по Кайё, 1947 г.). Особенно для плотно покрытых плоскостей океана этот метод дает более точные данные о существующих количествах руд, чем это возможно обыкновенными способами (чербаковое взятие проб).

Поленц, Р.

Оценка скальных откосов в районе Эльбзандштейна

Z. angew. Geol., Берлин, 25 (1979) 8, стр. 340–345, 5 илл., 1 табл., 7 лит.

Большинство скальных обвалов, вызванных повышенным водонасыщением песчаников, в районе Эльбзандштейна происходит в период между октябрем и апрелем. Оцененное в работе влияние обвалов в первую очередь зависит от рода подвижек и плоскости удара. Опасность обвала находится в зависимости от ширины карнизов и мощности пластов и может быть определена по диаграмме. Другие данные о возможных скальных подвижках могут быть получены в результате интерпретации данных регулярных замеров в течении длительных промежутков времени в районах опасных скальных участков.

Битгков, П.; Зойме, Г.

Численное моделирование радиально-симметричного притока газа и воды к скважине

Z. angew. Geol., Берлин, 25 (1979) 8, стр. 345–349, 5 илл., 2 табл., 7 лит.

Описывается модель радиально-симметричного двухразмерного притока газа и воды к скважине. Модель запрограммирована для реального газового потока без смены фаз, с учетом влияния гравитации. Принятые исходные данные и модель подтверждаются методом исторического сравнения (History-Match). Делается заключение относительно практической применимости при определении оптимальной точки заложения скважины в водоносном горизонте.

Фойгт, Х.-Д.; Вагнер, Р. и др.

Автоматическая интерпретация исследований эксплуатационнып скважин

Z. angew. Geol., Берлин, 25 (1979) 8, стр. 350–355, 8 илл., 1 табл., 9 лит.

Рассматривается автоматический метод интерпретации нестационарных исследований эксплуатационных скважин и колодцев, использование которого требует применения малой счетной машины. Возможности использования метода демонстрируются на трех практических примерах: исследовании взаимодействия скважин, исследовании скважи без остановки и опробовании на инструменте с измерением забойного давления и статического уровня. Выявляется, что метод особенно удобен для интерпретации опробований со сложной технологией.

Павленко, Я. В.; Хэнель, Х.

Изменчивость некоторых параметров флюоритовых месторождений Тюрингского леса и методы для оценки их точности

Z. angew. Geol., Берлин, 25 (1979) 8, стр. 356–362, 5 илл., 1табл., 2 лит.

При обработке более 2500 измерений сырьевых тел промышленных флюоритовых месторождений Тюрингского леса установлено, что изменчивость мощности больше чем содержания. Для обоснования метода геологических исследовательских работ необходимо принимать во внимание преобладающую роль закономерной по сравнению со случайной изменчивости. Конкретными примерами изображается характер изменения возможной ошибки для средней мощности сырьевого тела в зависимости от плотности сети точек наблюдения. Применение методических принципов позволяет оперативную оценку точности подчетов запасов.

Порстендорфер, Г.

Возможности прослеживания тонкослойных сред посредством магнитных полей направленных подач тока

Z. angew. Geol., Берлин, 25 (1979) 8, стр. 363–364, 4 илл., 2 табл., 3 лит.

В разведке углеводородов и руд прослеживание тонкослойных сред приобретает все большее значение. Оно может производиться даже пру высокоомной экранизации посредством магнитных полей направленной подачи низкочастотных токов, так как при стратиформных пластах возникают благоприятные условия для фокусировки токов. В опытах в электролитовой ванне моделируется направленная подуча тока над литофациально выделяющейся зоной, а также проявление магнитных полей при подаче тока в стратиформный рудны пласт.

Хюбнер, Й.

Морозодинамические появления в месторождение бурого угля Валлендорф

Z. angew. Geol., Берлин, 25 (1979) 8, стр. 365–367, 4 илл., 7 лит.

Сообщается о морозодинамических явлениях, образовавшихся интенсивными криогенными процессами в перигляциальном пространстве во время вислинского оледенения и пострадающих в западной части месторождения пласт Брукдорф. Съемочными работами установлено, что галечные пески в пойме рр. Эльстер-Луппе между г. Лейпциг и г. Мерсебург состоят из друх гравийных тел различного возраста.

Ванд, У., Штиль, Г.

VII Всесоюзный симпозиум по вопросу стабильных изотопов в геохимии, состоявшийся с 23. 10. по 26. 10. 1978 года в Москве

(óтчет о симпозиуме)

Z. angew. Geol., Берлин, 25, (1979) 8, стр. 367–369, 1 илл., 7 лит.

In den nächsten Heften

der

Zeitschrift für angewandte Geologie

erscheinen u. a. folgende Beiträge

SOLOV'ËV, B. A.; BANDLOWA, T. S.: Die Hauptmerkmale der Tektonik der salzführenden Mitteleuropäischen Senke

ZELT, F.: Die Geofernerkundung — eine neue Methode in der geowissenschaftlichen Forschung

ZIEGENHARDT, W.: Zur Entwicklung einiger Vorstellungen über salinartektonisch geprägte germanotype Strukturen

Autorenkollektiv: Die Entwicklung der Geophysik zum wirksamen Instrument für die Lösung der Aufgaben der geologischen Industrie

MAKSIMOV, S. P.; LODŽEVSKAJA, M. I.: Der Kenntnisstand über die Bildungsverhältnisse der Gaskondensatlagerstätten in der UdSSR und im Ausland

HEYNE, K.-H.: Geologische und geomechanische Untersuchungen beim oberflächennahen Tunnelbau

VOIGT, H.-D.: Instationäres Strömungsverhalten in Mehrschichtspeichern

HARTMANN, G.; HAASE, G.: Fehlerbetrachtungen zur Rubidium-Strontium-Datierung

SÜSS, M.: Rohstoffkundliche Grundlagen der Hochtemperaturverkokung von Weichbraunkohlen

Neuerscheinungen und Literaturhinweise

BALADIN, R. K.

Geologičeskaja dejatel'nost' čelovečestva. Technogenez (Geologische Tätigkeit der Menschheit. Technogenese)

Minsk: Vys. Skola 1978. 303 S., 253 Lit.

CLAUS, H.; WIEFEL, H.; HATTENBACH, G.

Bibliographie der geologischen Wissenschaften für Thüringen, Deutsche Demokratische Republik. Veröffentlichungen der Jahre 1923—1944

Berlin: Zentr. geol. Inst. 1976. 606 S.
(Abh. zentr. geol. Inst., H. 34)

ČISTJAKOV, A. A.

Gornyj alljuvij (Alluvium des Gebirges)

Moskva: Izdat. Nedra 1978. 287 S., 78 Abb., 5 Tab., 274 Lit.

GOGEL', Z.

Geotermija (Geothermie)

Moskva: Izdat. Mir 1978. 171 S., 22 Abb., 8 Tab., 28 Lit.
(aus d. Franz.)

JAKONTOVA, L. K.; GRUDEV, A. P.

Zona gipergeneza rudnych mestoroždenij (Hypergenesezone von Erzlagerstätten)

Moskva: Izdat. mosk. Univ. 1978. 229 S., 31 Abb., 49 Tab., 5 S. Lit.

KAHLKE, H.-D.

Quartärpaläontologie 3

Berlin: Akad.-Verlag 1978. 399 S., 137 Abb., 46 Tab., 56 Taf.

KULIKOV, B. F.; ZUEV, V. V.; VAJNŠENKER, I. A.

Mineralogičeskij spravočnik. Technologa-Obogatitelja (Mineralogisches Handbuch. Aufbereitungstechniker)

Leningrad: Izdat. Nedra, leningr. Otd. 1978. 206 S., 21 Abb., 2 Tab., 129 Lit.

LYMAREV, V. I.

Osnovnye problemy fizičeskoj geografii okeana (Hauptprobleme der physikalischen Geographie des Ozeans)

Moskva: Izdat. Mysl' 1978. 247 S., 14 Abb., 13 Tab., 18 S. Lit.

MEIER, S.

Die küstennahe Eisdecke des westlichen Enderby-Landes, Antarktis. Beiträge zu Relief, Bewegung und Massenhaushalt

Gotha, Leipzig: Hermann Haak 1977. 104 S., 3 S. Lit.
(Ergänzungsh. Nr. 277, Petermanns geograph. Mitt.)

PERVAGO, V. A.

Geologija i ekonomika meduoporfirovych mestoroždenij (Geologie und Ökonomie von Kupferporphyrlagerstätten)

Moskva: Izdat. Nedra 1978. 168 S., 33 Abb., 17 Tab., 52 Lit.

ŠILIN, P. V.; ROMANOVA, E. V.

Senonskie flory Kazachstana (Flora des Senons von Kasachstan)

Alma-Ata: Izdat. Nauka Kaz. SSR. 1978. 176 S., 52 Abb., 47 Taf., 158 Lit.

SMOLDYREV, A. E.

Metodika i technika morskich geologorazvedočnych rabot (Methodik und Technik mariner geologischer Erkundung)

Moskva: Izdat. Nedra 1978. 303 S., 99 Abb., 5 Tab., 177 Lit.

ZITZMANN, A.

The iron ore deposits of Europe and adjacent areas, Vol. 1

Hannover: Bundesanst. Geowiss. u. Rohstoffe 1978. 418 S., 79 Abb., 50 Tab.

...

(Tipomorfizm mineralov rudnych mestoroždenij Kazachstana (Typomorphismus der Minerale aus Erzlagerstätten Kasachstans)

Alma-Ata: Izdat. Nauka Kaz. SSR 1978. 128 S.
(Tr. Inst. geol. Nauk AN Kaz. SSR, T. 39)

Hinweise für unsere Autoren

Die Redaktion der Zeitschrift bittet ihre Autoren, folgendes zu berücksichtigen:

Die der Redaktion angebotenen Beiträge sollen dem Profil der Zeitschrift entsprechen und in dieser oder ähnlicher Fassung noch nicht anderweitig publiziert worden sein oder publiziert werden. Sie werden ausschließlich in deutscher Sprache veröffentlicht. Genehmigungspflichtige Beiträge bedürfen der Vorlage der institutionellen Veröffentlichungsgenehmigung für die beteiligten Autoren. Als Eingangsdatum des Beitrags in der Redaktion gilt das Eingangsdatum der Veröffentlichungsgenehmigung. Die Autoren tragen für ihre Beiträge die sachliche und juristische Verantwortung. Für die Abwicklung des Geschäftsgangs benötigt die Redaktion die Anschrift (dienstlich und privat) sowie die Telefon- und Kontonummer des jeweils federführenden Autors.

Manuskript

Das Manuskript ist als druckreife Vorlage in der Regel in deutscher Sprache als zweizeilig maschinengeschriebene Vorlage zweifach einzureichen und sollte 20 fortlaufend numerierte Seiten nicht überschreiten. Es enthält in der Reihenfolge:

Titel: möglichst kurz und aussagekräftig.

Verfassernamen: Familien- und Vornamen stehen in Großbuchstaben, danach folgt die durch ein Komma abgetrennte Ortsangabe. Die Namen mehrerer Autoren werden durch ein Semikolon getrennt.

Text: Er soll durch Zwischenüberschriften aufgelockert sein, wobei keine Dezimalklassifikation zu verwenden ist. Als Abkürzungen sind in der Regel nur „z. B., bzw., usw." üblich. Orthographie, Fachausdrücke, Normen, Formeln, Zeichen usw. sind nach den geltenden nationalen und internationalen Vorschriften wiederzugeben. Für Maße und Gewichte sind die einschlägigen Festlegungen im Zusammenhang mit der Einführung des Internationalen Einheitssystems (SI) zu berücksichtigen. Die Übertragung kyrillischer Buchstaben erfolgt nach der bibliographischen Transliteration. Im Text zitierte Literatur steht mit dem Verfassernamen und dem in Klammern gesetzten Erscheinungsjahr, z. B.: HASE (1965) oder DONER & WESEL (1979) oder ROY, MEYER & WANDT (1976) oder, bei mehr als drei Autoren, SIEBER, MEYER u. a. (1977).
Unterstreichungen im Text sind unerwünscht. Vorschläge für Auszeichnungen (Schriftgrade, Schriftarten) können mit Bleistift entsprechend DUDEN angemerkt werden. Fußnoten stehen in fortlaufender Numerierung auf der betreffenden Seite.

Zusammenfassung: Sie soll kurz und prägnant sein und nicht mehr als 12 Zeilen umfassen.

Literatur: Die Autorennamen werden in alphabetischer Reihenfolge (ohne Numerierung) entsprechend dem in der Zeitschrift üblichen Modus angeführt. Zeitschriftenkurztitel sind nach TGL 20969, die bibliographischen Angaben nach TGL 20972 abzufassen (Wiss. techn. Inform.-Dienst zentr. geol. Inst., Sh. 9, Berlin 1972) und Abkürzungsverzeichnis für geowissenschaftliche Periodika (Wiss. techn. Inform.-Dienst zentr. geol. Inst., Sh. 4, Berlin 1973, ergänzt in Sh. 1, Berlin 1977).

Abbildungsunterschriften: Sie sind am Ende des Manuskripts gesondert und fortlaufend aufzuführen. Jede im Beitrag enthaltene Abbildung muß eine entsprechende Unterschrift erhalten und einen Verweis im Text. Signaturen sind normgerecht zu verwenden.

Tabellen: Sie sind fortlaufend numeriert an das Ende des Beitrags zu stellen und durch Verweise im Text (Tab. Nr.) mit diesem zu koppeln. Nicht numerierte Tabellen, die fest im Text angeordnet sind, könnten beim Umbruch aufgeteilt werden und sind deshalb zu vermeiden.

Abbildungen (Graphiken, Fotos usw.)

Abbildungsvorlagen dürfen das Format 50 × 70 cm nicht überschreiten und sind entsprechend der TGL 24470 zu gestalten. Sie sind stets mit der entsprechenden Numerierung, mit den Namen der Autoren der Arbeit und erforderlichenfalls mit einer Orientierungsangabe (nur mit Bleistift) zu versehen. Zeichnungen müssen auf Transparentpapier mit Ausziehtusche oder entsprechend den Anforderungen der TGL angefertigt werden. Fotos müssen auf Hochglanzpapier vorliegen. Bei Kartendarstellungen sind die genauen Bezeichnungen der Quellen gesondert aufzuführen (z. B.: aus Karte ..., veröffentlicht in ...). Die Schreibweise von geographischen Begriffen richtet sich nach den Instruktionen des MdI, Verwaltung Vermessungs- und Kartenwesen der DDR.

Korrekturen

Die dem federführenden Autor nur einmal zur Korrektur zugesandten Umbruchabzüge des Beitrags sollten schnellstens bearbeitet und zurückgesandt werden. Korrekturen sind dabei auf ein notwendiges Minimum zu beschränken. Neuformulierungen u. ä. sollten unterbleiben, um aufwendigen Neusatz zu vermeiden. Sämtliche Korrekturzeichen sind nach DUDEN und TGL 0-16511 auszuführen.
Mit der Rücksendung der Autorkorrektur bestellt der federführende Verfasser bei der Redaktion die Sonderdrucke für seine Arbeit. Er erhält kostenlos 25 Stück (Autorenkollektive 60 Stück). Darüber hinaus können Sonderdrucke gegen Bezahlung bestellt werden.

Die Redaktion behält sich vor, Manuskripte, die diesen Hinweisen nicht entsprechen, an die Autoren zurückzusenden.

Zeitschrift für angewandte Geologie